普通高等院校规划教材·电子信息系列

电工电子基础实践教程

匡迎春　主编

U0316478

中国铁道出版社有限公司
CHINA RAILWAY PUBLISHING HOUSE CO., LTD.

内 容 简 介

全书共四篇八章，包括操作技能篇、基础实验篇、综合设计篇和课程设计篇。基本技能篇主要介绍电工电子仪器设备的使用、元器件识别、焊接技术、调试技术等基本操作常识；基础实验篇提供了用于验证、加深电路分析、模拟电子技术、数字电子技术理论教学内容的实验；综合设计篇是提升阶段，进一步培养学生综合分析问题的能力；课程设计篇要求学生自己动手完成完整的电工电子产品的组装与调试。

本书旨在系统地、有序地培养学生的电工电子技能与动手能力。适合作为电路分析、模拟电子技术、数字电子技术（或电工学、电子学）课程及其课程设计等实践性教学活动的指导书。

图书在版编目（CIP）数据

电工电子基础实践教程 / 匡迎春主编. —北京：中国铁道出版社，2009.11（2023.7 重印）
普通高等院校规划教材. 电子信息系列
ISBN 978-7-113-10759-8

Ⅰ. 电… Ⅱ. 匡… Ⅲ. ①电子技术-高等学校-教材
②电子技术-高等学校-教材 Ⅳ. TM TN

中国版本图书馆 CIP 数据核字（2009）第 208552 号

书 名：	**电工电子基础实践教程**
作 者：	**匡迎春**

策划编辑：	严晓舟 刘 丹		
责任编辑：	鲍 闻		
编辑助理：	陈 文		
版式设计：	于 洋	封面制作：	李 路
责任印制：	樊启鹏		

出版发行：中国铁道出版社有限公司（北京市西城区右安门西街 8 号 邮政编码：100054）
印 刷：北京铭成印刷有限公司
版 次：2010 年 2 月第 1 版 2023 年 7 月第 9 次印刷
开 本：787mm×1092mm 1/16 印张：9.75 字数：235 千
书 号：ISBN 978-7-113-10759-8
定 价：22.00 元

前　言

国家教委提出："高等教育应以培养应用型人才为目标。"如何在实践教学中培养学生的实践操作能力和创新思维能力，是各高校课程改革和实践教学改革探讨的重大课题。围绕这一目标，各高等院校要求建设"三性"实验教学体系，即在实验项目中，减少验证性实验，增加综合性、设计性实验。为此，我们根据电类基础课程的特点，优化整合了电类基础课程内容，开设了电工电子学实验课程，并编写了这本实践教程。

本教材具有内容系统化和层次化的特点。

（1）系统化。本教材的内容优化整合了电工电子基础课程（包括电路分析、模拟电子技术、数字电子技术）的内容。全书包括四个部分：操作技能篇、基础实验篇、综合设计篇和课程设计篇。系统地培养学生的实践操作能力：从仪器仪表的使用、元器件识别、焊接技术等基本技能的培养，基础性实验对理论教学的验证，到对学生综合设计能力的培养，最后学生能自己完成完整的电子产品的设计、装配和调试。

（2）层次化。实验分为三个层次进行，基础性实验、综合性实验和设计性实验。综合、设计性实验属于提升阶段实验。

全书共四篇，分为8章。第1、2章由匡迎春老师编写，第3、8章由李旭老师编写，第4、5章由罗亚辉老师编写，第6、7章由康江老师编写；全书由匡迎春老师担任主编。在本书的编写过程中，湖南农业大学工学院的很多老师、学生提出了宝贵的建议和帮助，在此深表感谢。

由于编写水平和经验有限，不妥甚至错误之处在所难免，敬请读者批评指正。

编　者
2009 年 12 月

目　录

第一篇　操作技能篇

第二篇　基础实验篇

第三篇 综合设计篇

第四篇 课程设计篇

第一篇 操作技能篇

第1章 | 实验数据的测量及分析

本章从测量的一般知识出发，介绍了实验数据的测量及分析方法、常用电子仪器仪表的操作，本章为电工电子实践教程的基础章节。

1.1 测量数据的记录与处理

1.1.1 测量值及其误差

通过建立实际电路的电路模型求解电量，求得的结果为理论值；用电工测量仪表去测量得到的结果为测量值。一般情况下，测量值与理论值总是有一定出入，称为误差。需要说明的是，测量不可能没有误差，误差客观存在。误差常用绝对误差与相对误差来描述。

绝对误差 ε 等于测量值 M 与被测量的真实值 T 的差的绝对值，即

$$\varepsilon = |M - T|$$

相对误差 ∂ 等于绝对误差 ε 与被测量的真实值 T 之比，即

$$\partial = \frac{\varepsilon}{T} \times 100\%$$

例如，用一个电压表测量实际值为 10V 的标准电压信号，其测量值为 9.8V，则其绝对误差 ε 为 0.2V，相对误差 ∂ 为 2%（相对误差常用%表示）。

另外，在应用实践中，误差还常用绝对误差与测量仪器量程（满刻度值）之比来描述，称之为引用误差 ∂_N，即

$$\partial_N = \frac{\varepsilon}{T_N} \times 100\%$$

导致误差的原因非常复杂，主要可分为过失误差、系统误差和偶然误差等。过失误差是指测量过程中的过失导致的误差（如读数错误、记录错误等）；系统误差是指因为测量设备、测量方法等系统因素导致的误差；偶然误差是指在测量过程中的偶然因素（如测量条件的偶然变化）导致的误差。

为提高测量的准确度，排除人为因素，应尽量选用灵敏度高的设备并采用正确的测量方法。设备的灵敏度总是有限的，因此，采用正确的测量方法尤为关键。电工测量是电工电子技术的主

要应用之一，形成了许多行之有效的测量方法（如偏位法、零位法、补偿法等）。除直接测量被测物理量外，还可采用间接方法测量。当上述方法依旧受限时，还可以利用信号处理技术将信号变换后进行测量。如将被测电压信号变换为频率，通过测量频率（如计数）测量电压。

当然，电工测量总是为实际生产服务，测量准确度超过实际要求过高是没有意义的。因此，当用一般设备、简单测量方法进行测量便可满足要求时，便没有必要利用高技术含量的方法另外进行测量了。

1.1.2　测量数据的记录

通过测量电路，可得到待测电参数的测量值。此外，还可以通过对某一电参数的连续测量，得到有关待测电参数的变化规律的数据。

必须指出的是，通过电工测量所获得的待测电参数的数据，包含了该参数性质、特点及规律，同时也融入了一些随机信息。因此，在很多场合下，难以直接通过原始测量数据直观发现该参数的性质、特点及其规律，需要实验人员对原始实验数据进行整理、分析和计算，并从中找出该参数的性质、特点及其规律，得到最终的实验数据。下面介绍测量数据的记录与处理方法。

实际测量过程中，用多少位数字来表示测量或计算结果对最终结果的精度有着较大的影响。为准确表示测量数据，测量数据除末位数字欠准确外，其余各位数字都应是准确可靠的。如用电压表的"100V"挡测电压，指针位于64～65V的中间，测量值为64.5V，则测量数据64为准确数据，称为可靠数字，末位数据"5"是估计出来的，为欠可靠数字。可靠数字与末位的欠可靠数字共同构成测量数据中的有效数字，测量数据64.5V的有效数字为3位。有效数字位数越多，测量也就越准确。从测量的角度，"64.5V"和"64.50V"表示着不同的含义，前者有效数字为3位，后者有效数字为4位。依照上面的分析，记录测量数据的一般方法如下：

① 记录测量数据时，只允许保留一位欠可靠数据。

② 数字"0"可能是有效数字，也可能不是有效数字。例如测量数据0.02756kW的前两个"0"便不是有效数字，它的有效数字为后4位。0.02756kW与275.6W有效数字相同，只是前后两个数据所用的单位不同而已。

③ 小数点后的末位数字"0"不可随意删减，它代表着有效数字的位数，由测量仪器的准确度来确定。如测得某电阻的阻值为25000Ω，有效数字为3位时，应表示为$25.0 \times 10^3 \Omega$，不可表示为$25 \times 10^3 \Omega$。

1.1.3　误差处理

根据待测电参数性质的不同，数据处理的方法也不尽相同。此处仅介绍误差的处理方法。

根据产生误差的原因，误差可分为过失误差、系统误差和偶然误差等。下面针对这3种误差介绍其处理方法。

1. 过失误差的处理

过失误差是由实验人员的过失引起，是可以避免，也是应该避免的。在实验过程中，实验者应尽量认真仔细，除此以外，在正式测量前，实验者可先对待测参数进行试探性测量，积累测量经验。正式测量时，反复对待测参数进行测量，必要时改变测量方法或更换测量仪表重新测量。

2．系统误差的处理

系统误差是由测量设备、测量方法引起的，为了减少或消除系统误差，常采用下面的方法：

① 定期校正。前面讲过，测量是个相对的过程，内部是以某种基准进行测量的。电子设备出厂时一般均使用了电气标准器进行了校正。但随着电子设备的长期运行，内部电子电路可能发生漂移，导致新的系统误差。因此，在重要测量实验开始前，最好对仪器进行检定，确定各校正值的大小，作出校正公式、曲线或图表，用它们校正仪表，以提高仪表的测量准确度。

② 合理选择量程。一般情况下，量程大将增大相对误差，因此，应合理选择量程，并尽可能地使仪表读数接近满量程。

③ 合理选择测量方法。不同的测量方法将可能导致测量准确度的不同，因此，应尽量选择科学的测量方法，以提高测量准确度，更好地满足测量要求。

④ 多次测量取平均值。

3．偶然误差的处理

偶然误差是由测量过程中的随机事件导致的，具有不确定性。对一般精度的测量仪表，偶然误差常常被系统误差湮没，不易发现。进行精密测量时，首先应减少系统误差，然后再考虑偶然误差的处理。导致偶然误差的随机事件一般满足统计规律，因此，可从统计的角度减少、消除偶然误差，主要有：

① 采用算术平均值 $\overline{X}$ 计算

$$\overline{X} = \frac{1}{n}\sum_{i=1}^{n} x_i$$

式中，x_i 为第 i 次实验的测量值。

② 采用均方根误差 σ 计算

均方根误差 σ 定义如下：

$$\sigma = \pm\sqrt{\frac{\sum_{i=1}^{n}(x_i - \overline{X})}{n-1}}$$

式中，x_i 为第 i 次实验的测量值，$\overline{X}$ 为算术平均值。

1.1.4　实验报告的编写

实验报告是实验工作的全面总结，实验报告的编写质量是实验者对实验内容理解、实验数据处理、结果分析的综合体现。

虽然实验报告并没有固定的格式，但作为一个完整的报告，应完整体现实验者的实验细节及其理解，实验报告应包括：

① 实验目的。

② 实验设备（包括实验仪器及实验中使用的元器件）。

③ 实验原理（包括原理说明、电路图、接线图等）。

④ 实验内容及步骤（可按照实验指导书上步骤编写，也可根据实验原理由实验者自行编写，但一定应根据实际过程编写）。

⑤ 实验数据及处理。

⑥ 实验结果分析、总结、体会。

⑦ 实验的思考（可通过实验回答指导书中的思考）。

1.2　电参数测量的一般方法

电路中的各个物理量（如电压、电流、功率及电路参数），可通过建立模型求得，结果为理论值；还常常用实验方法求得，结果为测量值，即用电工电子仪表去测量。这里主要介绍物理量的测量方法以及相关仪器仪表。

1.2.1　电阻的测量

电阻是电路的常用参数，实际中被测器件或设备的电阻值很宽，从测量角度来看。可将电阻分为 3 类：

① 小电阻，1Ω 以下的电阻（如短导线电阻）；

② 中值电阻，1Ω～1MΩ 之间的电阻；

③ 大电阻，1MΩ 以上的电阻，如不良导体和绝缘材料的电阻。

测量电阻方法有：伏安法、电桥法、万用表和兆欧表。兆欧表是一种用来测量高电阻的仪表，本小节仅介绍伏安法。伏安法测量电阻的原理为：测出流过被测电阻 R_x 的电流 I_R 及其两端的电压降 U_R，则其阻值

$$R_x = \frac{U_R}{I_R}$$

实际测量时，有两种测量线路。

① 内接法如图 1-1（a）所示。这种连接方式是电流表 A（内阻为 R_A）接在电压表 V（内阻为 R_V）的内侧。当 $R_x < < R_V$ 时，R_V 的分流作用才可忽略不计，A 的读数接近于实际流过 R_x 的电流值。此时适合用内接法。

② 外接法如图 1-1（b）所示。电流表 A 接在电压表 V 的外测。当 $R_x > > R_A$ 时，R_A 的分压作用才可忽略不计，电压表 V 的读数接近于 R_x 两端的电压值。此时可采用外接法。

实际应用时，应根据不同情况选用合适的测量线路，才能获得较准确的测量结果。

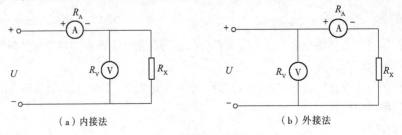

（a）内接法　　　　　　　　　　　　　（b）外接法

图 1-1　伏安法测量电阻

1.2.2　电压的测量

在工程实际应用中，常常需要测量电源、负载或某段电路两端的电压。测量电压时，测量仪表必须和被测元件并联。测量原理如图 1-2 所示。

由于电压表内阻的存在，测量存在误差。如图 1-2 中，已知电压表的内阻 R_V=100kΩ，

$R_L = R_o = 10k\Omega$ ，$U_s = 10V$。则

理论值：$U_L = \dfrac{R_L}{R_o + R_L} \times U_s = 5V$

计算测量值：$U_L' = \dfrac{R_L /\!/ R_v}{R_o + R_L /\!/ R_v} \times U_s \approx 4.76V$

测量绝对误差：$\varepsilon = |U_L - U_L'| = |5V - 4.76V| = 0.24V$

测量相对误差：$\partial = \varepsilon / U_L = \dfrac{0.24V}{5V} = 4.8\%$

为了准确测量实际电路中的电压，要求电压表的内阻尽量高，电压表内阻越大，测量误差越小。根据被测电压的大小，应选用合适的量程，一般地，电压指针读数应超过满量程的一半以上。当测量仪表的内阻 R_v 不大（电压表量程不能满足要求）时，必须串联一个称为倍压器的高值电阻 R（见图 1-3）这样就使电压表的量程扩大了。

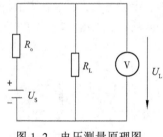
图 1-2　电压测量原理图

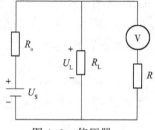
图 1-3　倍压器

1.2.3　电流的测量

测量电路中某条支路电流，需将电流表与被测支路串联，如图 1-4 所示。为了使电路不因串入电流表而受到影响，电流表内阻应尽量小。电流表的内阻越小，测量误差就越小。值得注意的是，如果不慎将电流表并联在被测电路的两端，则电流表将被烧毁，使用时务必注意。为了扩大电流表的量程，应该在测量电流表上并联一个称为分流器的低值电阻 R_A，如图 1-5 所示。

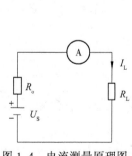
图 1-4　电流测量原理图

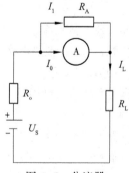
图 1-5　分流器

1.2.4　功率的测量

电路中的功率与电压和电流的乘积有关，因此用来测量功率的仪表必须具有两个线圈：一个用来反映负载电压，与负载并联，称为并联线圈或电压线圈；另一个用来反映负载电流，与负载

串联，称为串联线圈或电流线圈。

图 1-6 是功率表的接线图，其中 1 是电流线圈，为固定
线圈，匝数较少，导线较粗，与负载串联；2 是电压线圈，
匝数较多，导线较细，与负载并联，电压线圈是仪表的可动
部分。为了保证功率表中两个线圈的正确连接，电压、电流
线圈的始端标以"*"号（有的标以"±"号），这两端应联
在电源的同一端。

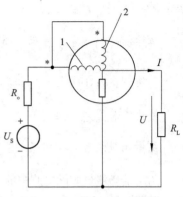

图 1-6　功率测量的原理图

1. 单相交流和直流功率的测量

功率表的电压线圈与电流线圈各有其量程，改变电压量
程的方法同电压表一样，即改变倍压器的电阻值。电流线圈
一般由两个相同的线圈组成，可通过功率表面上的几个接线柱和铜片之间的不同连接方法改变量
程，如图 1-7 所示，当两个线圈并联时，电流表量程要比串联时大一倍。用普通的功率表测量低
功率因数负载的功率时，指针偏转角很小，造成读数困难、测量误差大，这时应选用低功率因数
功率表。一般低功率因数功率表的功率因数有 0.1 和 0.2 两种。此数值标注在功率表的面板上，
其接法和使用方法与普通功率表相同。

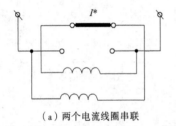 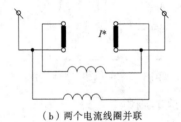

（a）两个电流线圈串联　　　　　　　　　　　（b）两个电流线圈并联

图 1-7　用铜片改变电流线圈量程图

功率表是多量程的，表面的标度尺上只标有分格数。选用不同的电流量程和电压量程时，标
度尺的每一分格代表不同的瓦数，读数时，实际值与指针示数之间的换算关系如下：

$$P = \frac{V_H I_H \cos\varphi}{W_H} \cdot \alpha_H = k \cdot \alpha_H$$

其中，V_H：电压线圈的量程值；I_H：电流线圈的量程值；W_H：功率表标度尺的满刻度格数；α_H：
是指针指示的格数；$\cos\varphi$：被测电路的功率因数。

2. 三相交流功率的测量

对三相交流电路而言，可用两个功率表来测量，
其测量原理如图 1-8 所示。

三相交流电路的瞬时功率为

$$p = p_A + p_B + p_C = u_A i_A + u_B i_B + u_C i_C$$

因为 $i_A + i_B + i_C = 0$

所以

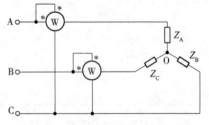

图 1-8　三相交流功率的测量原理

$$p = u_A i_A + u_B i_B + u_C i_C = u_A i_A + u_B i_B + u_C(-i_A - i_B) = (-u_A - u_C)i_A + (-u_B - u_C)i_B = u_{AC} i_A + u_{BC} i_B = p_1 + p_2$$

由上可知，三相功率可用两个功率表来测量。每个功率表的电流线圈中通过的是线电流，而
电压线圈上所加的电压是线电压。两个电压线圈的一端都连在未串联电流线圈的一线上（在图 1-8

中，两个功率表的线圈都接在 C 相上）。

工程中，常用一个三相功率表（或称为二元功率表）代替两个单相功率表来测量三相功率，其原理和两个功率表相同。

1.2.5　练习 1　电量的测量

一、实验目的

① 了解电工实验台的构成与使用；

② 掌握电压、电流及功率的测量方法。

二、实验内容和步骤

① 观察了解实验室的电源系统，掌握实验台上开关、接线、仪表的使用。

② 掌握实验台上配备的直流电压表、电流表和交流电压表、电流表。

③ 选用交流电压表测量供电电源的各线电压和相电压，并填入表 1-1。

表 1-1　电压的测量

项　目	U_{UV}	U_{VW}	U_{WU}	U_N	V_N	W_N
电压（V）						

④ 按图 1-9 连接电路，改变每组灯泡数量，测量灯泡两端电压和输出电流，并填入表 1-2。

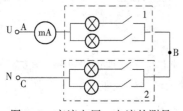

图 1-9　交流电压、电流的测量

表 1-2　电压、电流的测量

项　目 \　分　组	第1组4只 第2组2只	第1组4只 第2组4只
U_{AB}		
U_{BC}		
I		

⑤ 按图 1-10 连接电路，测量各组灯泡的实际功率，并填入表 1-3。

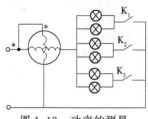

图 1-10　功率的测量

表 1-3　功率测量

	合上 K_1	合上 K_1、K_2	合上 K_1、K_2、K_3
标称功率			
实际功率			

三、注意事项

注意各种仪表的量程的正确选择和接线。

四、思考题

电压表、电流表在电路中如何连接？如果电压表的量程选择 150V，电压表的满标值为 150 格，指针指示为 135 格，此时电路电压真实值为多少伏？

1.3 常用电工电子仪器仪表的使用

在电子电路实验中，经常使用的电子仪器有示波器、函数信号发生器、交流毫伏表和直流稳压电源。它们与万用表一起，可以完成对电子电路的静态和动态工作情况的测试。实验中，各仪器与被测实验装置之间的连接如图 1-11 所示。本节将介绍示波器、函数发生器、毫伏表和万用表的使用。

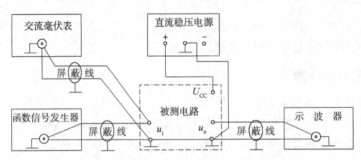

图 1-11   模拟电子电路中常用电子仪器布局图

1.3.1   示波器

示波器包括模拟示波器和数字存储示波器两大类。模拟示波器没有存储设备，仅依赖被测信号的周期性来完成信号的稳定显示。数字存储示波器首先将被测电压信号用 ADC 转变成数字量存储在内存中，然后用 DAC 转换到示波器显示，或者直接利用显示器显示。数字存储示波器是发展的趋势，本书介绍数字式示波器。

1. 外观与面板

示波器是测量电信号以及研究可转化为电压变化的其他非电学物理量的重要工具之一，门类齐全、品种繁多，图 1-12 所示为 GDS-2062 型数字式存储示波器外观图。

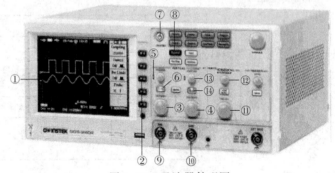

图 1-12   示波器外观图

2. 面板介绍

① 面板的左边部分是荧光屏，是示波器的显示部分。荧光屏上水平和垂直方向各有多条刻度线，用于指示信号波形的电压和时间之间的关系，水平方向指示时间，垂直方向指示电压。

② 功能键。

③ 电压灵敏度调节（CH1）。

④ 电压灵敏度调节（CH2）。

⑤ CH1 位置调节（上/下）。

⑥ CH1 选择键。

⑦ 电源开关。

⑧ 自动调整。

⑨ CH1 插口。

⑩ CH2 插口。

⑪ 扫描周期调节。

⑫ 位置调节（左/右）。

⑬ CH2 位置调节（上/下）。

⑭ CH2 选择键。

3. 使用方法和步骤

① 开启示波器，进行预热。

② 进行初始设置，并保存。

③ 选择信号输入通道。

④ 输入信号，按"AUTOSET（自动调整）"键，荧光屏自动显示波形。

1.3.2　函数信号发生器

函数发生器是一种能产生正弦波、三角波、方波、斜波和脉冲波等信号的装置，常用于科研、生产、维修和实验中。图 1-13 所示为 TH-GS10 型数字合成信号发生器外观图。

使用步骤：

① 开启电源。

② 选择需要的波形。

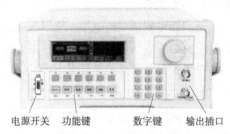

电源开关　功能键　　数字键　输出插口

图 1-13　函数信号发生器

③ 设置输出波的峰-峰值。先按下"幅度"键，然后使用数字键输入大小，最后确定单位。

④ 设置输出波的频率。先按下"频率"键，然后使用数字键输入大小，最后确定单位。

1.3.3　晶体管交流毫伏表

晶体管交流毫伏表是一种专门用来测量正弦交流电压有效值的交流电压表，是电工电子实践教学环节经常使用的一种仪表。常用型号如 DF2173、DA-16 等。

使用晶体管毫伏表的注意事项主要有：

① 在使用晶体管毫伏表测量较高电压时，一定要注意安全。尽量避免接触可能产生漏电的地方。

② 尽量避免测量超过毫伏表最大量程的输入电压，否则可能会造成毫伏表的损坏。

③ 长期不使用晶体管毫伏表时，应将电源关闭，短期不使用时，应将量程置于较高的电压挡。（晶体管毫伏表具有较高的输入阻抗，容易受到外界电磁干扰的影响。特别在低电压量程下，当输入端悬空，可能造成指针大幅度的摆动，甚至指针持续满偏，因而可能造成指针损坏。）

④ 测量难以估计大小的被测信号，应先将量程选择开关置于最大值，然后在测量中逐步减小量程。这样可以避免指针的过度摆动。

⑤ 晶体管毫伏表只能用来测量正弦交流电压有效值，不能测量直流电压和非正弦量交流电压的有效值。因此，只有在保证被测信号是标准正弦波时，才不需要示波器并联检测。否则，一定要用示波器监视被测波形，以保证其是正弦波。

1.3.4 直流稳压电源

直流稳压电源为电路提供稳定的工作电压，是电工电子实践教学环节必需的一种设备。常见的直流稳压电源分为线性直流稳压电源和开关直流稳压电源两类。线性直流稳压电源结构简单，纹波小。开关直流稳压电源效率高，成本低，各有不同的应用场合。直流稳压电源产品种类很多。

直流稳压电源使用时的注意事项如下：

① 负载的接入。先将稳压电源调整到所需要的电压，之后关闭稳压电源的输出，将负载接入后打开稳压电源的输出（当然也可以直接关闭总电源）。

② 稳压电源的每一路输出有红、黑两个输出端子，红端子表示"+"，黑端子表示"−"，面板中间带有接"大地"符号的黑端子，表示该端子接机壳，与每一路输出没有电气联系，仅作为安全线使用。

③ 稳压电源的两路输出可以串联使用，但绝对不允许并联使用，更不可将两台稳压电源并联使用。

1.3.5 万用表

万用表可测量多种电量，使用简单，携带方便，特别适用于检查线路和修理电气设备，是最常用的一种测量仪表。万用表主要有电磁式和数字式两种。

1. 电磁式万用表

电磁式万用表测量部件采用仪表结构，可以用来测量直流电流、直流电压、交流电压和电阻等。图 1 – 14 是最常用的 MF – 30 型万用表的面板图。现简要介绍其测量方法。

（1）直流电流的测量

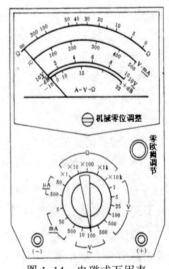

图 1-14　电磁式万用表

测量电流时，应将万用表切换到直流电流挡后串接在被测电路中。连接时应注意使被测电流从万用表的"＋"端流入，"－"端流出。因磁电式仪表不允许测量大电流，当难以正确估计被测电流的大小时，应将万用表切换到直流挡的最大挡，然后逐渐减小到适合于观察、读数的挡位，以免较大电流通过万用表的测量部件，损坏测量部件。

（2）直流电压的测量

测量直流电压时，应将万用表切换到直流电压挡后并联在被测电路中。连接时应注意使被测电压的高电位端接"＋"，低电位端接"－"。同理，当难以正确估计被测电压的大小时，应将万用表切换到直流电压挡的最大挡，然后逐渐减小到适合于观察、读数的挡位。

（3）交流电压的测量

测量交流电压时，应将万用表切换到交流电压挡后并接在测量电路中，连接时不必考虑极性。类似地，当难以正确估计被测电压的大小时，也应将万用表切换到交流电压挡的最大挡。

（4）电阻的测量

不允许使用万用表在带电线路上测量，断开电路后再测量。测量电阻时万用表需要接入电池，被测电阻接在万用表的"＋"，"－"两端。测量前应先将"＋"，"－"两端短接，看指针偏转是否最大，而后指在零（刻度的最右处），否则应转动零欧姆调节电位器进行校正。

（5）电磁式万用表使用中的注意事项

① 不能带电测量电阻阻值。在测量某个电阻的阻值前，首先应确保该电阻处于无源状态，并将该电阻从电路中断开。必须牢记：被测量的电阻上应没有其他的电源或者信号。尤其当电路板带电工作时，严禁测量电路板上的电阻。否则，除测量结果没有意义外，一般都会将万用表的保险丝烧毁。

② 不能超限测量。超限测量是指万用表指针处于超量程状态。此时，万用表指针右偏至极限，极易损坏指针。发生超限测量，一般是由于量程不合适造成的。选择合适的量程或者在外部增加分压、分流措施，都可以避免超限测量。

③ 不要让万用表长期工作于测量电阻状态。万用表仅在测量电阻时消耗电池。因此，为了让万用表电池工作更长的时间，在不使用万用表时，一般应将量程转换开关置于直流或者交流 500V 挡。

④ 不要随意调节机械调零。测量电阻时需要调节调零电位器，是因为不同的电阻挡位需要不同的附加电阻，并且电池电压一直在变化。而机械调零在出厂调好后，一般不需要调整。因此，不要随意调节机械调零。

⑤ 在使用万用表测量高电压时，务必注意不要接触高压。当万用表的表笔脱离表体、导线漏电等情况发生时，可能导致触电。因此，在测量高电压时，测试者一定要保持高度警觉。

2．数字式万用表

数字式万用表主要包括高性能的专用集成电路芯片、外部接口电路、液晶显示屏、转换开关等，具有更好的性能，使用更为方便。图 1-15 所示为 DT-830 型数字万用表的面板图，现以 DT-830 型数字万用表为例来说明使用方法。

数字式万用表的使用方法比电磁式万用表为更加简单，步骤如下：

① 打开电源。

② 根据被测电量（电压、电流、电阻等）的性质将转换开关切换到相应的挡位。

③ 将黑色测试笔插入"COM"插座。红色测试笔有如下 3 种插法：测量电压和电阻时，插入"V·Ω"插座；测量小于 200mA 的电流时插入"mA"插座；测量大于 200mA 的电流时插入"10A"插座。

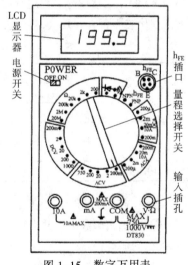

图 1-15　数字万用表

④ 按测量电参数的连接方法将万用表与被测电路连接，从液晶显示屏读出直接数据即可。

1.3.6　练习 2　常用电子仪器仪表的使用

一、实验目的

① 掌握示波器、函数发生器、晶体管毫伏表的主要技术指标、性能和仪器面板上各个旋钮

的功能。

② 掌握如何使用函数信号发生器产生正弦波、三角波和方波等典型信号，并熟悉使用示波器观察测量这些波形的基本参数的方法。

③ 理解几种典型信号幅值、有效值和周期的测量。

二、实验设备与器件

① 函数信号发生器；

② 数字式示波器；

③ 交流毫伏表。

三、实验内容

① 用机内校正信号对示波器进行自检，测试"校正信号"波形的幅度、频率和上升沿时间，记录到表1-4中。

表1-4 示波器校正信号测试表

	标 准 值	实 测 值
幅度：U_{p-p}/V		
频率： /kHz		
上升沿时间：/μs		

② 用示波器和交流毫伏表测量信号参数。

调节函数信号发生器有关旋钮，使输出频率分别为100Hz、1kHz、10kHz、100kHz，峰–峰值均为1V的正弦波信号。利用示波器测量信号源输出信号的频率、周期、峰–峰值及有效值，并用交流毫伏表测量其有效值，记入表1-5。

表1-5 函数信号发生器信号测试表

信号电压频率	示波器测量值		交流毫伏表测量值/V	示波器测量值	
	周期/ms	频率/Hz		峰–峰值/V	有效值/V
100Hz					
1kHz					
10kHz					
100kHz					

四、实验总结及实验报告要求

① 整理实验数据，并进行分析。

② 问题讨论：

a. 函数信号发生器有哪几种输出波形？它的输出端能否短接，如用屏蔽线作为输出引线，则屏蔽层一端应该接在哪个接线柱上？

b. 交流毫伏表是用来测量正弦波电压还是非正弦波电压？它的表头显示值是被测信号的什么数值？它是否可以用来测量直流电压的大小？

第2章 电子电路的安装与调试

掌握电子电路安装、调试的基本知识是从事电子电路设计、开发与应用的基础。本章介绍了电阻、电容、电感、二极管、三极管等常用分立电子元器件；介绍了集成电路的类别、外型及其使用常识；最后介绍了电子电路焊接调试的一般知识。

2.1 常用分立电子元器件简介

2.1.1 电阻器

电阻器（简称电阻）在电路中有分压、分流、限流、阻抗匹配等诸多作用，可以说是最常用的电子元器件。

1. 电阻器的种类与符号

电阻器的种类繁多，按照电阻器的阻值是否可调，可分为固定电阻器和可调电阻器。习惯上，主要应用于电压分配的电阻器称为电位器，如用于收音机音量调节。几种电位器实例如图 2-1 所示。按照功能、结构分，电阻器有碳膜电阻器、金属膜电阻器、线绕电阻器、敏感电阻器等。

（a）四联电位器　　（b）串联电位器　　（c）双联电位器　　（d）可调电阻　　（e）推杆电位器

图 2-1　几种电位器

电阻器的图形及符号如图 2-2 所示。固定电阻器用字母 R 表示，电位器用 R_P 或 R_W 表示。

（a）固定电阻器　　　　（b）敏感电阻器　　　　（c）微调电阻器　　　　（d）电位器

图 2-2　电阻器的图形及符号

2. 电阻器的主要参数

电阻器的主要参数有标称阻值、误差值、额定功率等。

电阻器表面标注的阻值叫做标称实际阻值，相对于标称阻值可允许的最大误差范围称为允许误差。对普通电阻而言，国家标准规定的允许误差有 ±5%、±10%、±20%三个等级。电阻器的标称阻值及允许误差如表 2-1 所示。

表 2-1　电阻器的标称阻值及允许误差

误　差	系　列	标称系列值	备　注
±20%	E6	1.0，1.5，2.2，3.3，4.7，6.8	较少用
±10%	E12	1.0，1.2，1.5，1.8，2.2，2.7，3.3，3.6，3.9，4.7，5.6，6.8，8.2	常用
±5%	E24	1.0，1.1，1.2，1.3，1.4，1.5，1.8，2.0，2.2，2.4，2.7，3.0，3.3，3.6，3.9，4.3，4.7，5.1，5.6，6.2，6.8，7.5，8.2，9.1	最常用

电阻器的标称阻值参数的标注方法有 3 种：直接标注法、文字符号标注法和色环标注法。

① 在电阻器的表面用数字、单位符号和百分数直接标出该电阻器的阻值参数的方法称为直接标注法。

② 用数字、单位符号按统一规律组合表示电阻器的阻值，用字母表示该电阻器的允许误差的方法称为文字符号标注法（其中，J 为 ±5%，K 为 ±10%，M 为 ±20%）。

③ 采用颜色环表示电阻器的阻值和允许误差，用不同的颜色代表不同的数值的标注方法称为色环法。色环标注法采用颜色表示电阻阻值的大小及允许误差，醒目、清晰、不容易褪色，且从每个方向均可看清该电阻器的参数，给安装、调试带来了极大的方便，因而被广泛采用。普通电阻器阻值采用四色环表示法，精密电阻器阻值采用五色环表示法，具体表示如图 2-3 所示。

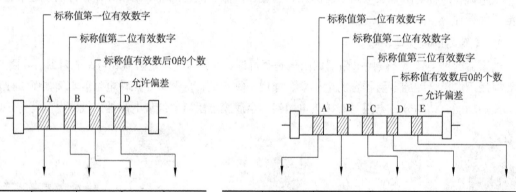

颜色	第一有效数	第二有效数	倍率	偏差
黑	0	0	10^0	
棕	1	1	10^1	
红	2	2	10^2	
橙	3	3	10^3	
黄	4	4	10^4	
绿	5	5	10^5	
蓝	6	6	10^6	
紫	7	7	10^7	
灰	8	8	10^8	
白	9	9	10^9	+50% −20%
金			10^{-1}	±5%
银			10^{-2}	±10%
无色				±20%

颜色	第一有效数	第二有效数	第三有效数	倍率	允许偏差
黑	0	0	0	10^0	
棕	1	1	1	10^1	±1%
红	2	2	2	10^2	±2%
橙	3	3	3	10^3	
黄	4	4	4	10^4	
绿	5	5	5	10^5	±0.5%
蓝	6	6	6	10^6	±0.25%
紫	7	7	7	10^7	±0.1%
灰	8	8	8	10^8	允许偏差
白	9	9	9	10^9	
金				10^{-1}	
银				10^{-2}	

图 2-3　色环标注法

在允许的环境温度下电阻器长期工作所能承受的最大功率便是电阻器的额定功率。设计电子电路时，若对电阻器功率有特殊要求，应在原理图中详细标注；反之，则是对电阻器功率没有特殊要求，一般使用 0.125W 或 0.25W 的电阻器就可以了，不同类型的电阻的额定功率如表 2-2 所示。

表 2-2　电阻器额定功率系列

线绕电阻器额定功率系列/W	非线绕电阻器额定功率系列/W
0.05,0.125,0.25,1.2,4,8,12,16,25,40,75,100,250,500	0.05,0.125,0.25,0.5,1.2,5,10,25,50,100

2.1.2　电容器

电容器（简称电容）在电路中有隔直流、通交流、储能等特性，是滤波、振荡等电子电路的必需元件，也是常用的电子元器件之一。

1.　电容器的种类与符号

电容器是一种能储存电荷的元件，由两片靠得较近的金属片、中间再隔以绝缘物质组成。电容器按绝缘材料的不同，可分为纸介电容器、云母电容器、瓷介电容器、有机薄膜电容器、电解电容器等；按其结构特点的不同，又分为固定电容器、可变电容器和半可变（微调）电容器。电路中电容器的代号用 C 表示，几种电容器实例及符号如图 2-4 所示。

（a）有机薄膜电容器　　（b）电解电容器　　（c）瓷介电容器　　（d）可变电容器　　（e）微调电容器

图 2-4　几种电容器实例

其中，（a）图为有机薄膜电容器；（b）图为电解电容器，常用于电源滤波、耦合、旁路等电子电路中；（c）图为瓷介固定电容器，常用于振荡、高频等电子电路中；（d）图为可变电容器，常用于无线电通信、电子设备调频等电子电路中；（e）图为微调电容器，用在电容量需要作微调，调好后一般不做调整的电子电路中。

2.　电容器的主要参数

电容器的主要参数有标称容量、额定电压等。电容器外壳上标注的电容量大小叫做电容器的标称容量。一般情况下，云母和陶瓷介质电容器的电容量较低，纸、塑料和一些陶瓷介质形式的电容器居中，而电解电容器的容量则相对较大。工作环境下，可以连续施加在电容器上的最大直流电压（或交流电压的有效值）称为电容器的额定电压。固定电容器的直流额定工作电压等级主要有：

6.3V、10V、16V、25V、32V、50V、63V、100V、160V、250V……

电容器电容量参数的标注方法有：直接标注法、数码标注法和色环标注法。

① 直接标注法。对于电容量小于 10000pF 的电容器，在电容器的表面直接标注电容器电容量的数值大小，不标注电容量的单位，如"470"表示 470pF。对于电容量介于 10000～1000000pF 之间的电容器，以 μF 为单位，以小数点为标志，也只标注电容量的数值大小，而不标注电容量的单位。如"0.022"表示 0.022pF。

② 数码标注法。用 3 位数码表示电容器电容量的数值大小。其中，前 2 位数字为电容器电

容量的数值大小的有效数字，第 3 位表示零的个数，单位为 pF。如"225"表示电容器电容量的数值大小为 $22×10^5 \mathrm{F} = 2.2\mu\mathrm{F}$。若最后一位数字为 9，则乘 10^{-1}，如"479"，表示电容器电容量的数值大小为 $47×10^{-9}\mathrm{F} = 4.7\mathrm{pF}$。

③ 电容器电容量参数标注的色环标注法与电阻器电阻参数的色环标注法大致相同。

3．使用常识

在电子电路应用中，常需要判断电解电容器的极性，电容器是否存在短路、断路、漏电等故障应用问题。

（1）判断电解电容器的极性方法

用万用表"Ω"挡测量电容器两极之间的漏电电阻，记下首次测量结果；调换万用表表笔，重新测量电容器两极之间的漏电电阻。两次测量中，漏电电阻大的那一次测量的黑表笔对应电解电容器的正极，红表笔对应其负极。

（2）电容好坏的判别方法

电子电路应用中，存在短路、断路、漏电等问题的电容器不能使用。可使用模拟万用表检查电容器是否存在短路、断路、漏电等故障。对于电容量小于 0.1μF 的电容器，可使用万用表"×1k"或"×10k"挡测量电容器两引脚间的电阻。对于电容量大于 1μF 的电容器，可使用万用表"×1k"或"×10k"挡位测量电容器两引脚间的电阻。当表笔接触瞬间，万用表指针摆动两下以后立即回到"∞"位置，将表笔对调，重做上面的测量，若万用表指针出现相同的现象，说明电容器是好的。容量越大，指针摆动幅度越大。若指针根本不动（小容量电容器除外），说明电容器已经断路。若指针停在"0"位置，说明电容器已经短路。若指针摆动后始终无法回到"∞"位置（大容量的电解电容器除外），说明电容器存在漏电。

2.1.3　电感器

电感器即电感线圈，通常是由漆包线或纱包线等带有绝缘表层的导线绕制而成。少数电感器因圈数少或性能方面的特殊要求，采用裸铜线或镀银铜线绕制。电感器中不带磁心或铁心的一般称为空心电感线圈，带有磁心的则称作磁心线圈或铁心线圈。

1．电感器的实例与符号

在电子电路中，电感器常与电容组成 LC 谐振回路，主要作用如调谐、选频、振荡、滤波等。电感器的线圈匝数、骨心材料、用线粗细及外形大小等因工作频率不同而有很大差别。低频电感器为了减少线圈匝数并获得较大电感量和较小的体积，大多采用铁心或磁心（铁氧体心）。中频、中高频和中低频电感器则多以磁心为骨心。

电路中电感器用 L 表示，电路符号则由两部分组成，即代表线圈的部分与代表磁心和铁心的部分。线圈部分分为有抽头和无抽头两种。线圈中没有磁心或铁心时即为空心线圈，则不画代表磁心或铁心的符号。磁心或铁心符号有可否调节及有无间隙之区别。几种电感器符号如图 2-5 所示。

2．电感器的主要参数

电感器的主要参数有电感量 L、品质因素 Q、额定电流等。

电感器的电感量 L 也称做自感系数，是用来表示电感器自感应能力的物理量。L 的基本单位为 H（亨），实际中用得较多的单位为 mH（毫亨）和 μH（微亨）。额定电流是指允许长时间通过电感器的直流电流值。选用电感器时，其额定电流值一般要稍大于电路中流过的最大电流。

（a）铁心电感元件　　（b）磁心有间隙的电感元件　　（c）空心电感　　（d）铜心线圈　　（e）带可调磁心和线圈有抽头的电感

图 2-5　几种电感器的形状及符号

在一定频率的交流电压下工作时，电感器感抗 X_L 和等效损耗电阻之比即为品质因素 Q，即

$$Q = \frac{X_L}{R}$$

可见，电感器的感抗越大、损耗电阻越小，其 Q 值就越高。

损耗电阻在频率 f 较低时，可视作线圈的直流电阻；直流电阻是电感线圈的自身电阻，可用万用表直接测得。当 f 较高时，因线圈骨架及浸渍物的介质损耗、铁心及屏蔽罩损耗、导线高频趋肤效应损耗等影响较明显，损耗电阻 R 除自身的直流电阻外，还应包括各种损耗在内。

必须指出的是，除固定电感器和部分阻流圈（如低频扼流圈）为通用元件（只要规格相同，各种机型上均可使用）外，其余的均为电视机、收音机等专用元件。专用电感器的使用应以元件型号为主要依据，具体参数大多无须考虑。

2.1.4　晶体管

晶体管是组成各种电子电路的基础，通常可分为晶体二极管、晶体三极管、晶闸管、场效应管等几大类。

1. 晶体二极管

将 PN 结用外壳封装起来，再引出两个电极，就构成了晶体二极管，简称二极管。根据用途，晶体二极管的类型主要有：

① 检波二极管。检波二极管的主要用途是从给定信号中取出调制信号。锗材料点接触型二极管工作频率可达 400MHz，正向压降小，结电容小，检波效率高，频率特性好，得到广泛应用。

② 限幅二极管。利用二极管的反向击穿特性，可实现对信号峰值的限制。理论上，大多数二极管均可用做限幅使用，为保证电路性能，可使用单向击穿二极管（亦称稳压二极管）实现限幅功能。

③ 开关二极管。二极管具有单向导电特性，可作为开关使用。肖特基型二极管开关时间短，在开关电路中得到广泛应用。

其他的类型还有：整流二极管、调制二极管、变容二极管、雪崩二极管、发光二极管等。

几种二极管的电路符号及引脚识别如图 2-6 所示，二极管使用时注意正、负极。

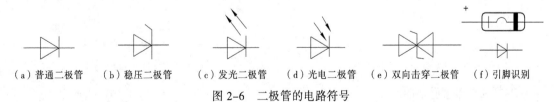

（a）普通二极管　　（b）稳压二极管　　（c）发光二极管　　（d）光电二极管　　（e）双向击穿二极管　　（f）引脚识别

图 2-6　二极管的电路符号

2. 晶体三极管

晶体三极管即半导体三极管，简称三极管。根据其的内部结构，分为 NPN、PNP 两种类型，用符号 T 表示，电路符号及引脚如图 2-7 所示。

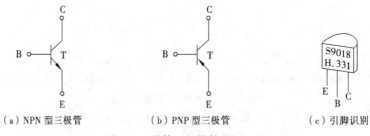

（a）NPN 型三极管　　　　（b）PNP 型三极管　　　　（c）引脚识别

图 2-7　晶体三极管符号图

3. 晶体管的使用常识

晶体管的型号一般通过晶体管的标志来确定，相关参数可通过晶体管手册查询。应用实践中，常通过万用表判断晶体管的好坏及管脚排列。万用表电阻档等值电路如图 2-8 所示，其中的 R_0 为等效电阻，E_0 为表内电池，当万用表处于 $R \times 1$、$R \times 100$、$R \times 1k$ 档时，一般，$E_0 = 1.5V$，而处于 $R \times 10k$ 档时，$E_0 = 15V$。测试电阻时要记住，红表笔接在表内电池负极（表笔插孔标"+"号），而黑表笔接在正极（表笔插孔标以"－"号）。

（1）晶体二极管管脚极性、质量的判别

晶体二极管具有单向导电性，其正向电阻小（一般为几百欧）而反向电阻大（一般为几十千欧至几百千欧），利用此点可进行判别。

① 管脚极性判别。

将万用表拨到 $R \times 100$（或 $R \times 1k$）的欧姆挡，把二极管的两只管脚分别接到万用表的两根测试笔上，如图 2-9 所示。如果测出的电阻较小（约几百欧），则与万用表黑表笔相接的一端是正极，另一端就是负极。相反，如果测出的电阻较大（约几千欧），那么与万用表黑表笔相连接的一端是负极，另一端就是正极。

利用数字万用表的二极管挡也可判别正、负极，此时红表笔（插在"V · Ω"插孔）带正电，黑表笔（插在"COM"插孔）带负电。用两支表笔分别接触二极管两个电极，若显示值在 1V 以下，说明管子处于正向导通状态，红表笔接的是正极，黑表笔接的是负极。若显示溢出符号"1"，表明管子处于反向截止状态，黑表笔接的是正极，红表笔接的是负极。

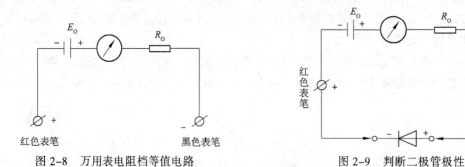

图 2-8　万用表电阻档等值电路　　　　图 2-9　判断二极管极性

② 判别二极管质量的好坏。

一个二极管的正、反向电阻差别越大，其性能就越好。如果双向电值都较小，说明二极管质量差，不能使用；如果双向阻值都为无穷大，则说明该二极管已经断路。如双向阻值均为零，说明二极管已被击穿。

（2）晶体三极管管脚、质量判别

可以把晶体三极管的结构看作是两个背靠背的 PN 结，对 NPN 型来说基极是两个 PN 结的公共阳极，对 PNP 型管来说基极是两个 PN 结的公共阴极，分别如附图 2-10 所示。

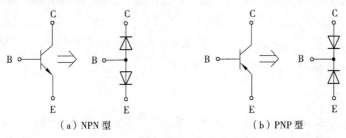

（a）NPN 型　　　　（b）PNP 型

图 2-10　晶体三极管结构示意图

① 管型与基极的判别。

万用表置电阻挡，量程选 1k 挡（或 $R \times 100$），将万用表任一表笔先接触某一个电极——假定的公共极，另一表笔分别接触其他两个电极，当两次测得的电阻均很小（或均很大），则前者所接电极就是基极，如两次测得的阻值一大一小，相差很多，则前者假定的基极有错，应更换其他电极重测。

根据上述方法，可以找出公共极，该公共极就是基极 B，若公共极是阳极，该管属 NPN 型管，反之则是 PNP 型管。

② 发射极与集电极的判别。

为使三极管具有电流放大作用，发射结须加正偏置，集电结加反偏置，如图 2-11 所示。

当三极管基极 B 确定后，便可判别集电极 C 和发射极 E，同时还可以大致了解穿透电流 I_{CEO} 和电流放大系数 β 的大小。

以 PNP 型管为例，若用红表笔（对应表内电池的负极）接集电极 C，黑表笔接 E 极，（相当 C、E 极间电源正确接法），如图 2-12 所示，这时万用表指针摆动很小，它所指示的电阻值反映管子穿透电流 I_{CEO} 的大小（电阻值大，表示 I_{CEO} 小）。如果在 C、B 间跨接一只 $R_B = 100k\Omega$ 电阻，此时万用表指针将有较大摆动，它指示的电阻值较小，反映了集电极电流 $I_C = I_{CEO} + \beta I_B$ 的大小。且电阻值减小越多表示 β 越大。如果 C、E 极接反（相当于 C-E 间电源极性反接）则三极管处于倒置工作状态，此时电流放大系数很小（一般小于 1）于是万用表指针摆动很小。因此，比较 C-E 极两种不同电源极性接法，便可判断 C 极和 E 极了。同时还可大致了解穿透电流 I_{CEO} 和电流放大系数 β 的大小，如万用表上有 h_{FE} 插孔，可利用 h_{FE} 来测量电流放大系数 β。

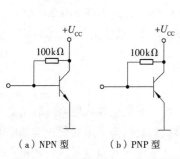

（a）NPN 型　（b）PNP 型

图 2-11　晶体三极管的偏置情况

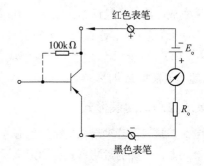

图 2-12　晶体三极管集电极 C、发射极 E 的判别

2.2　集成电路简介

将特定功能的电子电路的几乎所有元器件都制造在一块微小的半导体基片上，这样的电子电路称为集成电路。与分立元件不同，集成电路具有体积小、重量轻、功耗低、性能好、可靠性高、成本低等优点。集成电路的问世是电子技术领域的巨大进步，带来了从设计理论到方法的新的革命。

2.2.1　集成电路的种类

1．按功能和用途分类

集成电路按功能和用途可分为模拟集成电路、数字集成电路及数/模混合型集成电路。

① 模拟集成电路用来产生、放大和处理各种模拟电信号。例如：话筒输出的音频电信号，收音机、收录机、音响设备及电视机中接收、放大的音频信号，模拟电视信号等。

② 数字集成电路用于处理数字电信号。如 CPU 芯片、RAM/ROM 存储器。

③ 数/模混合型集成电路是指电路块的输入为模拟或数字信号，其输出则为数字或模拟信号。常见类型如各类 A/D、D/A 芯片。

2．按制作工艺分类

按制作工艺的不同，集成电路可分为半导体集成电路、膜集成电路和混合集成电路 3 类。

半导体集成电路是采用半导体工艺技术，在硅基片上将包括电阻、电容、三极管、二极管等元器件构成的电路模块制作出来。膜集成电路是在玻璃或陶瓷片等绝缘物体上，以"模"的形式制作电阻、电容等无源器件。无源元件的数值范围可以做得很宽，精度可以做得很高。受目前的技术水平限制，尚无法用"膜"形式制作晶体二极管、三极管等有源零件，膜集成电路的应用范围也由此受到很大的限制。在实际应用中，更多的场合下在无源膜电路上外加半导体集成电路或分立元件的二极管、三极管等有源器件，使之构成一个整体，这便是混合集成电路。

3．按集成度分类

集成度是指单位面积的芯片上所包含的电子元器件的数目。

按集成度高低不同，集成电路可分为小规模、中规模、大规模及超大规模 4 类。

对模拟集成电路而言，芯片上的集成度为 100 个元件以内的集成电路称为小规模集成电路；集成度为 100～1 000 个元器件为中规模集成电路；集成度在 1 000 个以上元器件的集成电路称为大规模集成电路；集成度在 10 万个以上者称为超大规模集成电路。

对数字集成电路，一般认为集成 1～10 等效门/片或 10～100 个元件/片为小规模集成电路；集成 10～100 个等效门/片或 100～1 000 元件/片为中规模集成电路；集成 100～10 000 个等效门/片或 1 000～100 000 个元件/片为大规模集成电路；集成 10 000 以上等效门/片或 100 000 以上个元件/片为超大规模集成电路。

2.2.2　集成电路的封装形式

集成电路的封装工艺对集成电路性能有着重要的影响，出现了专业的集成电路封装企业。在产品封装形式上，传统的封装形式有圆形金属外封装、双列直插封装、扁平形封装，其都已形成规模生产；新型的 SOP（小外型封装）、PLCC（塑料有引线片式载体）等新型封装形式正在迅速增长。常见的几种封装形式如图 2-13 所示。

（a）SIP　　　　（b）DIP　　　　（c）QFP　　　　（d）PGA　　　　（e）BGA

图 2-13　集成电路的几种封装形式

1．SIP 封装

SIP 封装（Single In-line Package）即单列直插式封装，SIP 封装下的集成芯片外部引脚较少，主要用于小规模集成电路。

2．DIP 封装

DIP 封装（Dual In-line Package）即双列直插式封装，是绝大多数中小规模集成电路采用的封装形式。DIP 封装结构形式有：多层陶瓷双列直插式 DIP，单层陶瓷双列直插式 DIP，引线框架式 DIP（含玻璃陶瓷封接式、塑料包封结构式、陶瓷低熔封装式）等。DIP 封装具有以下特点：

① 适合在 PCB（印刷电路板）上穿孔焊接，操作方便。

② 芯片面积与封装面积之间的比值较大，故体积也较大。

3．QFP 封装

QFP 封装（Plastic Quad Flat Package）即方形扁平式封装技术，QFP 封装技术常用于大规模、超大规模集成电路（如 CPU）的封装。采用这种封装形式芯片引脚之间距离小，管脚细，其引脚数可达到 100 以上。运用该技术封装 CPU 时，封装后的芯片外形尺寸较小，寄生参数减小，适合高频应用。

4．PGA 封装

PGA 封装（Ceramic Pin Grid Array Package）即插针网格阵列封装，用这种技术封装的芯片内外有多个方阵形的插针，每个方阵形插针沿芯片的四周间隔一定距离排列，根据管脚数目的多少，可以围成 2～5 圈。安装时，将芯片插入专门 PGA 插座。该技术一般用于插拔操作比较频繁的场合之下。

5．BGA 封装

BGA 封装（Ball Grid Array Package）即球栅阵列封装，该技术诞生便成为 CPU 等高密度、高性能、多引脚封装的最佳选择。BGA 封装占用基板的面比较大，虽然该技术的 I/O 引脚数增多，但引脚之间的距离却远大于 QFP，从而提高了组成品率。BGA 封装具有以下特点：

① I/O 引脚数虽然增多，但引脚之间的距离远大于 QFP 封装方式，提高了成品率。

② 虽然 BGA 的功耗增加，但由于采用的是可控塌陷芯片法焊接，从而可以改善电热性能。

③ 信号传输延迟小，适应频率大大提高。

④ 组装时可用共面焊接，可靠性大大提高。

2.2.3　集成电路的使用常识

集成电路使用时应注意以下几点：

① 使用集成电路前首先应搞清楚芯片的型号、引脚及其功能。搭建实验电路时，应注意集成电路的正、负电源及地线的引脚不能接错，否则可能造成集成电路永久性地损坏。

② 集成电路设计制作时考虑了功耗、散热等因素，因此，集成电路正常工作时应不发热或微热。在电路正常工作时，若发现某些（某个）集成电路发热严重、烫手甚至冒烟，应立即切断电源，检查电路接线是否有错误。

③ 许多集成电路（如 CPU）带有金属散热片。对于这类型芯片，电路使用时必须加装适当的散热片，同时使散热片不要与其他元件或外壳相碰，以免造成电路短路等意外情况发生。

④ 集成电路的插拔。对两列直插式的集成电路，焊接时一般焊接了相应的芯片插座。拔出该插座上的集成电路时最好使用专门的集成电路拔起器。如果没有专门的集成电路拔起器，可用小起子在集成电路的两头小心均匀地向上撬起。将芯片插入到该插座时应注意将每个引脚对准插孔，然后平行向下轻压。对 PGA、BGA 封装的集成电路，将底座或芯片分开时一般有一个拨动开关。拨动该开关，轻轻向上拔起即可。对于直接焊接在印刷板上的集成电路，拔下时首先必须将引脚周围的焊料全部清除，确认该芯片的每个引脚均没前置放大集成电路、立体声解码集成电路、单片收音机、收录机集成电路、驱动集成电路特殊功能集成电路。

2.3 电子电路的焊接、装配与调试

2.3.1 锡焊技术

焊接就是把比被焊金属熔点低的焊料和被焊金属一同加热，在被焊金属不熔化的条件下，使熔化的焊料润湿连接处被焊金属的表面，在它们的接触界面上形成合金层，达到被焊金属间的牢固连接。在焊接工艺中普遍采用的是锡焊，焊料是一种锡铅合金。

焊接分手工焊接和自动焊接。工业化生产的电子产品均采用自动锡焊技术。自动锡焊技术随着器件技术的发展而不断进步。尽管如此，在电子电路实践中，在实验设计阶段，少量产品的生产、调试、维修阶段，仍需要手工焊接。因此，掌握手工焊接技术仍是电子技术工作者不可或缺的基本实践技能之一。本小节介绍手工焊接技术。

1. 手工焊接的基本条件

（1）锡焊的工具

锡焊使用的基本工具是电烙铁。焊接印刷板上电子元器件一般采用功率为 20～30W 的电烙铁。当焊接较粗的导线或焊接面积较大的部件时，可适当选用功率较大的电烙铁。其他辅助工具有镊子、斜口钳、尖嘴钳等。

（2）焊料

焊料是一种熔点比被焊金属低，在被焊金属不熔化的条件下能润湿被焊金属表面，并在接触界面处形成合金层物质。焊料的选择对焊接质量有着非常重要的作用，常用的焊料为锡铅合金。锡铅合金，通常又称为锡焊，有多种形状和分类。形状有块状、棒状、带状、丝状和粉末状，最常见的用于电子设备的是低熔点管状松香焊锡丝，如图 2-14 所示，这种焊锡丝的轴向芯内注有助焊剂（一种松香粉末）。松脂芯焊丝的外径通常分 0.6mm、0.8mm、1.0mm、1.2mm、1.6mm、2.0mm、2.3mm、3.0mm 等尺寸。

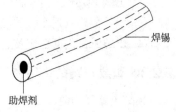

图 2-14 松脂芯焊丝

（3）焊剂

焊接在空气中和高温中进行，因此焊料和金属表面必然产生氧化层，它阻碍着焊接的进程。焊剂是一种焊接辅助材料，它能去除氧化物并能防止焊接时金属表面再次氧化，故又称助焊剂。焊剂可分为无机类焊剂和有机类焊剂两大类。在电子设备的焊接中被广泛应用的是松香焊剂，松香焊剂是典型的有机酸类焊剂，因松香焊剂应用广泛，有的资料把它另列为树脂焊剂，与有机焊剂、无机焊剂并列为三种焊剂。

此外，不是所有的材料都可以用锡焊实现连接，只有一部分金属有较好可焊性（严格地说应该是可以锡焊的性质），这些金属才能用锡焊连接。一般铜及其合金、金、银、锌、镍等具有较好可焊性，而铝、不锈钢、铸铁等可焊性很差，一般需采用特殊焊剂及方法才能锡焊。

2. 电烙铁

电烙铁是手工焊接的基本工具，它的作用是加热焊接部位，熔化焊料，使焊料和被焊金属连接起来。

（1）电烙铁的基本结构

电烙铁的种类很多，结构各有不同，但其基本结构都是由发热部分、储热部分和手柄部分组成。

① 发热部分。

也叫加热器，其作用是将电能转换为热能。结构原理是，在云母或陶瓷绝缘体上缠绕高电阻系数的金属材料（如镍烙合金丝），当电流通过时产生热效应，把电能转换成热能，并把热能传递给储热部分。

② 储热部分。

电烙铁的储热部分是烙铁头，它在得到发热部分传来的热量后，温度逐渐上升，并把热量积蓄起来。通常采用密度较大和比热较大的铜或铜合金作烙铁头。

③ 手柄部分。

电烙铁手柄一般用木材、胶木或耐高温塑料加工而成。手柄的形状要根据电烙铁功率和操作方式而定，应符合牢固、温升小、手柄舒适等要求。

（2）电烙铁分类

通用的电烙铁按加热方式可分为外（旁）热式和内热式两大类。

① 外（旁）热式电烙铁。

外（旁）热式电烙铁是一种应用较广的普通型电烙铁，其外形如图 2-15 所示。其加热其是用电阻丝缠绕在云母材料上制成。因其是把罗铁头插入加热器，所以称为外（旁）热式电烙铁。外热式电烙铁绝缘电阻低，漏电大。又由于是外侧加热，故热效率低，升温慢，体积较大。但其结构简单，价格便宜，所以仍是目前使用较多的电烙铁。其规格有 20W、25W、30W、50W、75W、100W、150W 等。主要用于导线、接地线和较大器件的焊接。

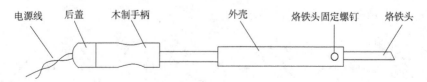

图 2-15　外热式电烙铁外形

② 内热式电烙铁

内热式电烙铁的外形如图 2-16 所示。常用的规格有 20W、30W、50W 等。其加热器用电阻丝缠绕在密闭的陶瓷管上制成，因其是把加热器插在烙铁头里面，直接对烙铁头加热，所以称为内热式电烙铁。内热式电烙铁绝缘电阻高、漏电小。它对烙铁头直接加热，热效率高，升温快。采用密闭式加热器，能防止加热器老化、延长使用寿命。但加热器制造复杂，烧断后无法修复。内热式电烙铁主要用于印制电路板上元器件的焊接。

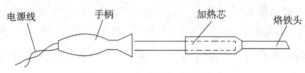

图 2-16　内热式电烙铁外形

（3）电烙铁的选用

根据手工焊接的技术要求，在选用电烙铁时，应注意下列要求：

① 必须满足焊接时所需的热量。升温快，热效应高，在连续操作时能保持一定的温度。

② 烙铁头的形状要适合焊接空间的要求。

③ 电气、机械性能安全可靠。质量小，操作舒适，工作寿命长，维修方便。

（4）电烙铁的使用和维护

为了能够顺利而安全地进行焊接操作及延长电烙铁的使用寿命，应当正确使用和维护电烙铁，要点如下：

① 合理使用烙铁头。初次使用的电烙铁要先将烙铁头浸上一层锡。焊接时要使用松香或无腐蚀的焊剂。擦拭烙铁头要用海绵或湿布。不要用砂纸或锉刀打磨烙铁头。焊接结束后，要擦去烙铁头留下的焊料。

② 电烙铁的外壳要接地。长时间不用时，应切断电源。定期检查电源线是否拉脱或短路。

③ 要经常清理外热式电烙铁壳体内的氧化物，防止烙铁头卡死在壳体内。

3. 手工焊接步骤

焊接操作过程分为五个步骤（也称五步法，见图 2-17），一般要求在 2～3s 的时间内完成。

图 2-17　手工焊接工艺流程

（1）准备

焊接前的准备包括：净化焊接部位表面，引脚、管脚和焊点处处理干净。

（2）加热

烙铁头加热焊接部位，使连接点的温度升至焊接需要的温度。加热时，烙铁头和连接点要有一定的接触面和接触压力，如图 2-18 所示。

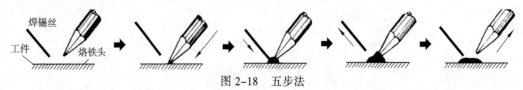

图 2-18　五步法

（3）加焊料

加热到一定温度后，在焊接部位加热至焊锡熔化，使焊锡填充在被焊接金属表面上。

（4）冷却

移开电烙铁，等待焊锡自然冷却。在焊点较小的情况下，也可采用三步法完成焊接，即将五步法中的 2、3 步合为一步，4、5 步合为一步，如图 2-19 所示。

图 2-19　三步法

（5）清洗

全部焊接完成后，用酒精清洗印刷板。毛刺及虚焊点，有漏焊处应及时补焊。

4．手工锡焊要领

（1）电烙铁的握法

通常用右手握住电烙铁，握法有反握、正握和笔握三种，如图 2-20 所示。反握法对焊件压力较大，适用于较大功率的电烙铁（>75W）；正握法使用于弯烙铁头的操作和直烙铁头在大型机架上的焊接；笔握法适用于小功率的电烙铁焊接印制电路板上的元器件。

（a）反握法　　（b）正握法　　（c）笔握法

图 2-20　手握电烙铁的方法

（2）掌握好加热时间

锡焊时应注意掌握好加热时间，在保证焊料润湿焊件的前提下时间越短越好。大多数情况下，延长加热时间对电子产品装配是有害的，主要因为：

① 印制板、塑料等材料受热过多会变形变质。

② 元器件受热后性能将发生变化甚至失效。

③ 焊点表面可能由于焊剂挥发失去保护而氧化。

④ 焊点的结合层长时间加热会超过合适的厚度引起焊点性能劣化。

（3）保持合适的温度

温度过高，焊锡丝中的焊剂没有足够的时间在被焊面上漫流而过早挥发失效；温度不够，焊锡流动性差，很容易凝固。因此应保持烙铁头在合理的温度范围，一般经验是电烙铁温度比焊料熔化温度高 500℃较为适宜。

（4）避免用烙铁头对焊点施力

焊接时，被焊接元件应扶稳、扶牢，避免用烙铁头对焊点施力。烙铁头把热量传给焊主要靠增加接触面积，用烙铁对焊点加力对加热是徒劳的，很多情况下甚至造成被焊元件损伤，例如电位器、开关、接插件的焊接点往往都是固定在塑料构件上，加力的结果容易成元件失效。

（5）印刷板焊接完成后，注意检查焊点质量，每个焊点应表面光滑，焊点周围应干净，无毛刺及虚焊点，有漏焊处应及时补焊。

2.3.2 装配技术

电子设备的装配方式对电子设备的性能有着重要影响。电子电路的装配时要注意，电路之间要共地。正确的组装方法和合理的布局，不仅使电路整齐美观，而且能够提高电路工作的可靠性，便于检查和排除故障。

1．准备工作

整机装配前，应做许多准备工作，主要有：

（1）元器件检测

电子电路由各种电子元器件组成，只有组成电子电路的元器件质量合格，电子电路产品的质量才能有保障。因此，在装配电子电路前应检测构成电子设备元器件是否合格，主要包括：元器件外形检查，观察是否合乎产品要求，无裂痕、生锈、断腿等；元器件数是否符合要求，标志是否清晰等；某些元器件装配前还需要进行老化、筛选等工作。

（2）元器件整形

许多电子元器件在组装前应进行整形工作。如电阻之类的小元件，装时一般采用卧式安装，应将引脚提前折弯以方便卧式安装。又如，在有些场合下，需将电阻元件立式安装，此时，也应将引脚提前折弯以方便立式安装。装配时，有时需要使用部分导线，应提前将需要使用的导线加工好，剪裁导线，两，边剥头并浸锡。

几种元件安装方式实例如图 2-21 所示。

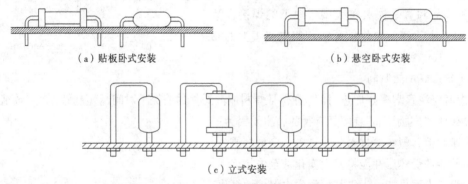

（a）贴板卧式安装   （b）悬空卧式安装

（c）立式安装

图 2-21   几种元件安装方式实例

2．结构布局

一般情况下，印刷电路板的布局排列并没有统一固定的模式，设计者可根据具体情况和习惯的方法进行排列。考虑到成本、美观、可靠性等因素，印刷电路板布局时还应遵循一些基本原则。

① 印刷电路板最经济的形状是矩形或正方形。一般应避免设计成异形，以尽可能降低成本。

② 对矩形印刷电路板而言，元件排列的长度方向一般应与印刷电路板的长边平行，这样不但可以提高元件的装配密度，而且可使装配好的印刷电路板更美观。

③ 应以功能电路的核心器件为中心，外围元件围绕它进行布局。例如，以 89C51 单片机芯片为核心，然后根据该芯片的接口功能，正确地排列布置相关外围元件的方向与位置。

④ 相互影响或产生干扰的元器件应尽可能分开或屏蔽。如印刷电路板中存在强、弱两种电路单元时，强电单元与弱电单元电路应尽可能彼此相隔远一些；放大电路的输入与输出部

分，应尽可能地设计到靠近印刷电路板外部连接的插头部分；微弱信号的输入引线应选用屏蔽线等。

⑤　对电源变压器、大功率三极管、大功率电阻等易发热的元件，安装时应尽量靠近外壳。同时，外壳应有通风孔，必要时采取加装散热片、风扇等措施。对于湿度敏感的元件，如锗三极管、电解电容器等，应尽量远离热源区。对于一些耐热性较好的元器件，则尽可能设计到印刷电路板最热的区域内。

⑥　元件配置与安装时，应考虑印刷板是否有足够的机械强度，要保证元件和印刷电路板在工作与运输过程中不会因震动、冲击而损坏。质量超过 15g 的元器件应考虑使用支架或卡夹加以固定，一般不宜直接将它们焊接在印刷电路板上。应尽可能缩短元件及元件之间的引线。尽量避免印刷电路板上的导线的交叉，设法减小它们的分布电容和互相之间的电磁干扰，以提高系统工作的可靠性。

⑦　在设计数字逻辑印刷电路板时，要注意各种门电路多余端的处理，或接电源端或接地端，并按照正确的方法实现不同逻辑门的组合转换。应尽可能缩短元件及元件之间的引线。尽量避免印刷电路板上导线的交叉，设法减小它们的分布电容和互相之间的电磁干扰，以提高系统工作的可靠性。

总之，元器件的配置和布局应综合成本、美观、可靠性等因素，以有利于设备的装配、检查、维修为原则进行设计。

2.3.3　调试技术

电子电路的调试通常有以下两种方式：

①　边安装边调试。把一个总电路按框图上的功能分成若干单元电路，分别进行安装和调试，在完成各单元电路调试的基础上逐步扩大安装和调试的范围，最后完成整机调试。对于新设计的电路，此方法既便于调试，又可及时发现和解决问题。

②　整个电路安装完毕，实行一次性调试。这种方法适于定型产品。

调试步骤一般如下：

（1）通电前检查

电路安装完毕，首先直观检查电路各部分接线是否正确，检查电源、地线、信号线、元器件引脚之间有无短路，元器件有无接错，焊接是否牢固等。

（2）通电检查

接入电路所要求的电源电压，观察电路中各部分元器件有无异常现象。如果出现异常现象，则应立即关断电源，待排除故障后方可重新通电。

（3）单元电路调试

一般情况下，电子电路由多个电路单元组成，因此，在整机联调前应把每一部分的单元电路调试正常，分单元调试是电子电路调试的基本原则。在调试单元电路时应明确本部分的调试要求，按调试要求测试性能指标和观察波形。调试顺序按信号的流向进行，这样可以把前面调试过的输出信号作为后一级的输入信号，为最后的整机联调创造条件。电路调试包括静态和动态调试，应按先静态后动态的原则。通过调试掌握必要的数据、波形、现象，然后对电路进行分析、判断、排除故障，完成调试要求。

（4）整机联调

各单元电路调试完成后就为整机调试打下了基础。整机联调时应观察各单元电路连接后各级之间的信号关系，主要观察动态结果，检查电路的性能和参数，分析测量的数据和波形是否符合设计要求，对发现的故障和问题及时采取处理措施。整机联调完成后，可进行技术指标测试。对照设计要求，逐个检查指标完成情况。未能达到指标要求的，应分析原因，改进电路并达到指标要求。

2.3.4　故障的查找和排除

如何查找和排除故障是每一个实验人员经常思考的问题。故障的查找、排除需要扎实的理论基础、知识、长期积累的经验、足够的信心和足够的耐心并且能熟练、合理地使用仪器设备。常见的故障查查找、排除方法如下：

（1）信号寻迹法

寻找电路故障时，一般可以按信号的流程逐级进行。从电路的输入端加入适当的信号，用示波器或电压表等仪器逐级检查信号在电路内各部分传输的情况，根据电路的工作原理分析电路的功能是否正常，如果有问题，应及时处理。调试电路时也可以从输出级向输入级倒推进行，信号从最后一级电路的输入端加入，观察输出端是否正常，然后逐级将适当信号加入前面一级电路输入端，继续进行检查。

（2）对分法

把有故障的电路分为两部分，先检查这两部分中究竟是哪部分有故障，然后再对有故障的部分对分检测，一直到找出故障为止。采用"对分法"可减少调试工作量。

（3）分割测试法

对于一些有反馈的环行电路，如振荡器、稳压器等电路，它们各级的工作情况互相有牵连，这时可采取分割环路的方法，将反馈环路去掉，然后逐级检查，可更快地查出故障部分。对自激振荡现象也可以用此法检查。

（4）电容器旁路法

如遇电路发生自激振荡或寄生调幅等故障，检测时可用一只容量较大的电容器并联到故障电路的输入或输出端，观察对故障现象的影响，据此分析故障的部位。在放大电路中，旁路电容失效或开路，使负反馈加强，输出量下降，此时用适当的电容并联在旁路电容两端，就可以看到输出幅值恢复正常，也就可以断定旁路电容的问题。这种检查可能要多处实验才有结果，这时要细心分析可能引起故障的原因。这种方法也可用来检查电源滤波和去偶电路的故障。

（5）对比法

将有问题的电路的状态、参数与相同的正常电路进行逐项对比。此方法可以比较快地从异常的参数中分析出故障。

（6）替代法

把已调试好的单元电路代替有故障或有疑问的相同的单元电路（注意共地），这样可以很快判断故障部位。有时元器件的故障不很明显，如电容器漏电、电阻器变质、晶体管和集成电路性能下降等，这时用相同规格的优质元器件逐一替代实验，就可以具体地判断故障点，加快查找故障点的速度，提高调试效率。

（7）静态测试法

故障部位找到后，要确定是哪一个或哪几个元器件有问题，最常用的就是静态测试法和动态测试法。静态测试是用万用表测试电阻值、电容器是否漏电、电路是否断路或短路，晶体管和集成电路的各引脚电压是否正常等。这种测试是在电路不加信号时进行的，所以叫静态测试。通过这种测试可发现元器件的故障。

（8）动态测试法

当静态测试还不能发现故障时，可采用动态测试法。测试时在电路输入端加上适当的信号再测试元器件的工作情况，观察电路的工作状况，分析、判别故障原因。

第二篇　基础实验篇

| 第 3 章 | 电工技术基础实验 |

本章主要介绍电路基础教学内容的基础性实验，包括了伏安特性测绘，电压、电位的测量，基尔霍夫定理验证，戴维南定理验证，RLC 谐振电路，三相交流电路等 11 个实验项目，用于进一步加深巩固电路基础的理论教学内容。

3.1　电路元件伏安特性的测绘

一、实验目的

① 学会识别常用电路元件的方法。

② 掌握线性电阻、非线性电阻元件伏安特性的测绘。

③ 掌握实验台上的直流电工仪表和设备的使用方法。

二、实验原理

任何一个二端元件的特性可用该元件上的端电压 U 与通过该元件的电流 I 之间的函数关系 $I = f(U)$ 来表示，即用 I-U 平面上的一条曲线来表征，这条曲线称为该元件的伏安特性曲线。

① 线性电阻器的伏安特性曲线是一条通过坐标原点的直线，如图 3-1 中的 a 曲线所示，该直线的斜率的倒数等于该电阻器的电阻值。

② 一般的白炽灯在工作时灯丝处于高温状态，其灯丝电阻随着温度的升高而增大，通过白炽灯的电流越大，其温度越高，阻值也越大，一般灯泡的"冷电阻"与"热电阻"的阻值可相差几倍至十几倍，所以它的伏安特性如图 3-1 中 b 曲线所示。

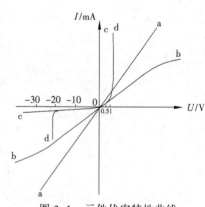

图 3-1　元件伏安特性曲线

③ 一般的半导体二极管是一个非线性电阻元件，其伏安特性如图 3-1 中的 c 曲线所示。正向压降很小（一般的锗管约为 0.2～0.3V，硅管约为 0.5～0.7V），正向电流随正向压降的升高而急骤上升，而反向电压从零一直增加到十几至几十伏时，其反向电流增量很小，粗略地可视为零。可

见，二极管具有单向导电性，但反向电压加得过高，超过管子的极限值，则会导致管子击穿损坏。

④ 稳压二极管是一种特殊的半导体二极管，其正向特性与普通二极管类似，但其反向特性较特别，如图 3-1 中的 d 曲线所示。在反向电压开始增加时，其反向电流几乎为零，但当电压增加到某一数值时（称为管子的稳压值，有各种不同稳压值的稳压管）电流将突然增加，以后它的端电压将基本维持恒定，当外加的反向电压继续升高时其端电压仅有少量增加。

注意： 流过二极管或稳压二极管的电流不能超过管子的极限值，否则管子会被烧坏。

三、实验设备

① 0～30V 可调直流稳压电源；

② 万用表；

③ 0～200mA 直流数字毫安表；

④ 0～200V 直流数字电压表；

⑤ 二极管 IN4007；

⑥ 稳压管 2CW51；

⑦ 白炽灯（12V，0.1A）；

⑧ 线性电阻器（200Ω、510Ω/8W）。

四、实验内容

1. 测定线性电阻器的伏安特性

按图 3-2 接线，调节稳压电源的输出电压 U，从 0 伏开始缓慢地增加，一直到 10V，记下相应的电压表和电流表的读数 U_R、I，填入表 3-1。

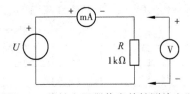

图 3-2　线性电阻器伏安特性测绘电路

表 3-1　线性电阻器电压电流记录表

U_R/V	0	2	4	6	8	10
I/mA						

2. 测定非线性白炽灯泡的伏安特性

将图 3-2 中的 R 换成一只 12V，0.1A 的灯泡，重复步骤 1。U_L 为灯泡的端电压，记录下数据填入表 3-2。

表 3-2　非线性白炽灯泡电压电流记录表

U_L/V	0.1	0.5	1	2	3	4	5
I/mA							

3. 测定半导体二极管的伏安特性

按图 3-3 接线，R 为限流电阻器。测二极管的正向特性时，其正向电流不得超过 35mA，二极管 D 的正向施压 U_{D+} 可在 0～0.75V 之间取值。在 0.5～0.75V 之间应多取几个测量点。测反向特性时，只需将图 3-3 中的二极管 D 反接，且其反向施压 U_{D-} 可达 30V。测量完成后将数据填入表 3-3 和表 3-4。

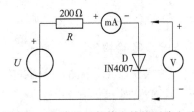

图 3-3　非线性元件伏安特性测绘电路

表3-3 二极管正向特性实验数据

U_{D+}/V	0.10	0.30	0.50	0.55	0.60	0.65	0.70	0.75
I/mA								

表3-4 二极管反向特性实验数据

U_{D-}/V	0	−5	−10	−15	−20	−25	−30
I/mA							

4．测定稳压二极管的伏安特性

（1）正向特性实验

将图 3-3 中的二极管换成稳压二极管 2CW51，重复实验步骤 3 中的正向测量。U_{z+} 为 2CW51 的正向施压。将数据填入表 3-5。

表3-5 稳压管正向特性实验数据

U_{z+}/V	0.10	0.30	0.50	0.55	0.60	0.65	0.70	0.75	0.80
I/mA									

（2）反向特性实验

将图 3-3 中的 R 换成 1kΩ，2CW51 反接，测量 2CW51 的反向特性。稳压电源的输出电压 U_0 范围为 0～20V，测量 2CW51 二端的电压 U_{z-} 及电流 I，由 U_{z-} 可看出其稳压特性。将数据填入表 3-6。

表3-6 稳压管反向特性实验数据

U_0/V	0.1	0.5	1.0	2.0	4.0	8.0	10.0	12.0	16.0	20.0
U_{z-}/V										
I/mA										

五、实验注意事项

① 测量二极管正向特性时，稳压电源输出应由小至大逐渐增加，应时刻注意电流表读数不得超过 35mA。

② 进行不同实验时，应先估算电压和电流值，合理选择仪表的量程，勿使仪表超量程，仪表的极性亦不可接错。

六、思考题

① 线性电阻与非线性电阻的概念是什么？电阻器与二极管的伏安特性有何区别？

② 设某器件伏安特性曲线的函数式为 $I = f(U)$，试问在逐点绘制曲线时，其坐标变量应如何放置？

③ 稳压二极管与普通二极管有何区别，其用途如何？

④ 在图 3-3 中，设 $U=2V$，$U_{D+}=0.7V$，则毫安表读数为多少？

七、实验报告

① 根据各实验数据，分别在方格纸上绘制出光滑的伏安特性曲线。（其中二极管和稳压管的正、反向特性均要求画在同一张图中，正、反向电压可取为不同的比例尺。）

② 根据实验结果，总结、归纳被测各元件的特性。

③ 必要的误差分析。

④ 心得体会及其他。

3.2　电位、电压的测定及电路电位图的绘制

一、实验目的

① 验证电路中电位的相对性、电压的绝对性。

② 掌握电路电位图的绘制方法。

③ 掌握电工实验台上直流数字电压表的使用。

二、实验原理

在一个闭合电路中，各点电位的高低视所选的电位参考点的不同而变，但任意两点间的电位差（即电压）则是绝对的，它不因参考点的变动而改变。

电位图是一种分布在平面坐标一、四两象限内的折线图。其纵坐标为电位值，横坐标为各被测点。要制作某一电路的电位图，先以一定的顺序对电路中各被测点进行编号。以图 3-4 的电路为例，如图中的 A～F，并在坐标横轴上按顺序、均匀间隔标上 A、B、C、D、E、F。再根据测得的各点电位值，在各点所在的垂直线上描点。用直线依次连接相邻两个电位点，即得该电路的电位图。在电位图中，任意两个被测点的纵坐标之差即为该两点之间的电压值。在电路中电位参考点可以任意选定。

对于不同的参考点，所绘出的电位图形是不同的，但其各点电位变化的规律却是一致的。

三、实验设备

① 0～30V 二路直流可调稳压电源；

② 万用表；

③ 0～200V 直流数字电压表；

④ 电位、电压测定实验电路板。

四、实验内容

实验电路如图 3-4 所示。其中电流插座用于测量支路电流。

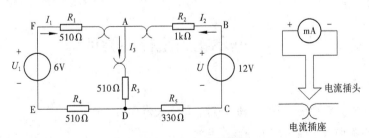

图 3-4　实验电路原理图

① 分别将两路直流稳压电源接入电路，令 $U_1 = 6V$，$U_2 = 12V$。（先调准输出电压值，再接入实验线路中。）

② 以图 3-4 中的 A 点作为电位的参考点，分别测量 B、C、D、E、F 各点的电位值 φ 及相邻两点之间的电压值 U_{AB}、U_{BC}、U_{CD}、U_{DE}、U_{EF} 及 U_{FA}，将数据列于表 3-7 中。

③ 以 D 点作为参考点，重复实验内容 2 的测量，测得数据列于表 3-7 中。

表 3-7　电位、电压关系表

电位参考点	φ 与 U	φ_A/V	φ_B/V	φ_C/V	φ_D/V	φ_E/V	φ_F/V	U_{AB}/V	U_{BC}/V	U_{CD}/V	U_{DE}/V	U_{EF}/V	U_{FA}/V
A	计算值												
	测量值												
	相对误差												
D	计算值												
	测量值												
	相对误差												

五、实验注意事项

测量电位时，用指针式万用表的直流电压挡或用数字直流电压表测量时，用负表笔（黑色）接参考电位点，用正表笔（红色）接被测各点。若指针正向偏转或数显表显示正值，则表明该点电位为正（即高于参考点电位）；若指针反向偏转或数显表显示负值，此时应调换万用表的表笔，然后读出数值，此时在电位值之前应加上负号（表明该点电位低于参考点电位）。数显表也可不调换表棒，直接读出负值。

六、思考题

若以 F 点为参考电位点，实验测得各点的电位值；现令 E 点作为参考电位点，试问此时各点的电位值应有何变化？

七、实验报告

① 根据实验数据，绘制两个电位图形，并对照观察各对应两点间的电压情况。两个电位图的参考点不同，但各点的相对顺序应一致，以便对照。

② 完成数据表格中的计算，对误差作必要的分析。

③ 总结电位相对性和电压绝对性的结论。

④ 心得体会及其他。

3.3　基尔霍夫定律的验证

一、实验目的

① 验证基尔霍夫定律的正确性，加深对基尔霍夫定律的理解。

② 学会用电流插头、插座测量各支路电流。

二、实验原理

基尔霍夫定律是电路的基本定律。测量某电路的各支路电流及每个元件两端的电压，应能分别满足基尔霍夫电流定律（KCL）和电压定律（KVL）。即对电路中的任一个节点而言，应有 $\Sigma I = 0$；

对任何一个闭合回路而言，应有 $\Sigma U = 0$。

运用上述定律时必须注意各支路或闭合回路中电流的正方向，此方向可预先任意设定。

三、实验设备

① 0～30V 二路直流可调稳压电源；

② 万用表；

③ 0～200V 直流数字电压表；

④ 电位、电压测定实验电路板。

四、实验内容

实验电路同 3.2 节的实验，如图 3-4 所示。

① 实验前先任意设定三条支路和三个闭合回路的电流正方向。图 3-4 中的 I_1、I_2、I_3 的方向已设定。三个闭合回路的电流正方向可设为 ADEFA、BADCB 和 FBCEF。

② 分别将两路直流稳压源接入电路，令 $U_1 = 6V$，$U_2 = 12V$。

③ 熟悉电流插头的结构，将电流插头的两端接至数字毫安表的"＋、－"两端。

④ 将电流插头分别插入三条支路的三个电流插座中，读出并记录电流值。

⑤ 用直流数字电压表分别测量两路电源及电阻元件上的电压值，并将其记录于表 3-8 中。

表 3-8 基尔霍夫定律电流、电压记录表

被测量	I_1/mA	I_2/mA	I_3/mA	U_1/V	U_2/V	U_{FA}/V	U_{AB}/V	U_{AD}/V	U_{CD}/V	U_{DE}/V
计算值										
测量值										
相对误差										

五、实验注意事项

① 所有需要测量的电压值，均以电压表测量的读数为准。U_1、U_2 也需测量，不应取电源本身的显示值。

② 防止稳压电源两个输出端碰线短路。

六、预习思考题

① 根据图 3-4 的电路参数，计算出待测的电流 I_1、I_2、I_3 和各电阻上的电压值，记入表中，以便实验测量时，可正确地选定毫安表和电压表的量程。

② 实验中，若用指针式万用表直流毫安挡测各支路电流，在什么情况下可能出现指针反偏，应如何处理？在记录数据时应注意什么？若用直流数字毫安表进行测量时，则会有什么显示呢？

七、实验报告

① 根据实验数据，选定节点 A，验证 KCL 的正确性。

② 根据实验数据，选定实验电路中的任一个闭合回路，验证 KVL 的正确性。

③ 将支路和闭合回路的电流方向重新设定，重复①、②两项验证。

④ 误差原因分析。

⑤ 心得体会及其他。

3.4 叠加原理的验证

一、实验目的

验证线性电路叠加原理的正确性，加深对线性电路的叠加性和齐次性的认识和理解。

二、实验原理

叠加原理指出：在有多个独立源共同作用下的线性电路中，通过每一个元器件的电流或其两端的电压，可以看成是由每一个独立源单独作用时在该元器件上所产生的电流或电压的代数和。

线性电路的齐次性是指当激励信号（某独立源的值）增加或减小 k 倍时，电路的响应（即在电路中各电阻元件上所建立的电流和电压值）也将增加或减小 k 倍。

三、实验设备

① 0～30V 二路可调直流稳压电源；

② 万用表；

③ 0～200V 直流数字电压表；

④ 0～200mV 直流数字毫安表；

⑤ 叠加原理实验电路板。

四、实验内容

实验电路如图 3-5 所示。

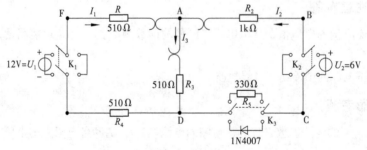

图 3-5 电路原理图

① 将两路稳压源的输出分别调节为 12V 和 6V，接入 U_1 和 U_2 处。

② 令 U_1 电源单独作用（将开关 K_1 投向 U_1 侧，开关 K_2 投向短路侧），用直流数字电压表和毫安表（接电流插头）测量各支路电流及各电阻元件两端的电压，数据记入表 3-9。

③ 令 U_2 电源单独作用（将开关 K_1 投向短路侧，开关 K_2 投向 U_2 侧），重复实验步骤 2 的测量和记录，数据记入表 3-9。

④ 令 U_1 和 U_2 共同作用（开关 K_1 和 K_2 分别投向 U_1 和 U_2 侧），重复上述的测量和记录，数据记入表 3-9。

⑤ 将 U_2 的数值调至 + 12V，重复上述步骤③的测量并记录，数据记入表 3-9。

表 3-9　叠加原理电流、电压数据记录表

测量项目实验内容	U_1/V	U_2/V	I_1/mA	I_2/mA	I_3/mA	U_{AB}/V	U_{CD}/V	U_{AD}/V	U_{DE}/V	U_{FA}/V
U_1 单独作用										
U_2 单独作用										
U_1、U_2 共同作用										
$2U_2$ 单独作用										

⑥ 将 R_5（330Ω）换成二极管 1N4007（即将开关 K3 投向二极管 IN4007 侧），重复步骤①～⑤的测量过程，数据记入表 3-10。

表 3-10　叠加原理电流、电压数据记录表

	U_1/V	U_2/V	I_1/mA	I_2/mA	I_3/mA	U_{AB}/V	U_{CD}/V	U_{AD}/V	U_{DE}/V	U_{FA}/V
U_1 单独作用										
U_2 单独作用										
U_1、U_2 共同作用										
$2U_2$ 单独作用										

⑦ 任意按下某个故障设置按键，重复实验步骤④的测量和记录，再根据测量结果判断出故障的性质。

五、实验注意事项

① 用电流插头测量各支路电流时，或者用电压表测量电压降时，应注意仪表的极性，正确判断测得值的 +、- 号后，记入数据表格。

② 注意仪表量程的及时更换。

六、预习思考题

① 在叠加原理实验中，要令 U_1、U_2 分别单独作用，应如何操作？可否直接将不作用的电源（U_1 或 U_2）短接置零？

② 实验电路中，若有一个电阻器改为二极管，试问叠加原理的叠加性与齐次性还成立吗？为什么？

七、实验报告

① 根据实验数据表格，进行分析、比较，归纳、总结实验结论，即验证线性电路的叠加性与齐次性。

② 各电阻器所消耗的功率能否用叠加原理计算得出？试用上述实验数据，进行计算并作结论。

③ 通过实验步骤⑥及分析表 3-10 中的数据，你能得出什么样的结论？

④ 心得体会及其他。

3.5 电压源与电流源的等效变换

一、实验目的

① 掌握电源外特性的测试方法。

② 验证电压源与电流源等效变换的条件。

二、实验原理

① 一个直流稳压电源在一定的电流范围内，具有很小的内阻。故在实用中，常将它视为一个理想的电压源，即其输出电压不随负载电流而变。其外特性曲线，即其伏安特性曲线 $U = f(I)$ 是一条平行于 I 轴的直线。一个恒流源在一定的电压范围内，可视为一个理想的电流源。

② 一个实际的电压源（或电流源），其端电压（或输出电流）不可能不随负载而变，因它具有一定的内阻值。故在实验中，用一个小阻值的电阻（或大电阻）与稳压源（或恒流源）相串联（或并联）来摸拟一个实际的电压源（或电流源）。

③ 一个实际的电源，就其外部特性而言，既可以看成是一个电压源，又可以看成是一个电流源。若视为电压源，则可用一个理想的电压源 U_s 与一个电阻 R_0 相串联的组合来表示；若视为电流源，则可用一个理想电流源 I_s 与一个电导 g_0 相并联的组合来表示。如果这两种电源能向同样大小的负载供出同样大小的电流和端电压，则称这两个电源是等效的，即具有相同的外特性。

一个电压源与一个电流源等效变换的条件为：$I_s = U_s/R_0$，$g_0 = 1/R_0$ 或 $U_s = I_sR_0$，$R_0 = 1/g_0$。如图 3-6 所示。

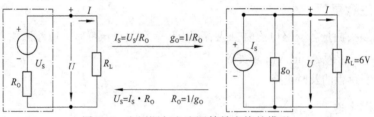

图 3-6 电压源与电流源等效变换的模型

三、实验设备

① 0～30V 可调直流稳压电源；

② 0～500mA 可调直流恒流源；

③ 0～200V 直流数字电压表；

④ 0～200mA 直流数字毫安表；

⑤ 万用表；

⑥ 电阻器（120Ω、200Ω、300Ω、1kΩ）；

⑦ 可调电阻箱（0～99999.9Ω）。

四、实验内容

1. 测定直流稳压电源与实际电压源的外特性

① 按图 3-7 接线。U_s 为 +12V 直流稳压电源。调节 R_2，令其阻值由大至小变化，将两表的读数记录于表 3-11 中。

表 3-11　直流稳压电源外特性测量数据记录表

U/V						
I/mA						

② 按图 3-8 接线，点画线框中电路可模拟为一个实际的电压源。调节 R_2，令其阻值由大至小变化，将两表的读数记录于表 3-12 中。

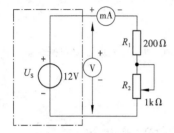

图 3-7　直流稳压电源外特性测量电路

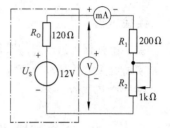

图 3-8　实际电压源模型外特性测量电路

表 3-12　实际电压源模型外特性测量数据记录表

U/V						
I/mA						

2．测定电流源的外特性

按图 3-9 接线，I_s 为直流恒流源，调节其输出为 10mA，令 R_0 分别为 1kΩ 和 ∞（即接入和断开），调节电位器 R_L（0～1kΩ），测出这两种情况下的电压表和电流表的读数。自拟数据表格，记录实验数据。

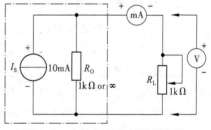

图 3-9　电流源外特性测量电路

3．测定电源等效变换的条件

先按图 3-10（a）所示电路接线，记录线路中两表的读数。然后利用图 3-10（a）中右侧的元件和仪表，按图 3-10（b）接线。调节恒流源的输出电流 I_s，使两表的读数与 3-10（a）时的数值相等，记录 I_s 的值，验证等效变换条件的正确性。

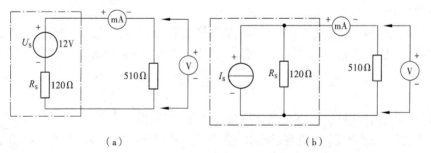

（a）　　　　　　　　　　（b）

图 3-10　电源等效变换条件验证电路

五、实验注意事项

① 在测电压源外特性时，不要忘记测空载时的电压值，测电流源外特性时，不要忘记测短路时的电流值，注意恒流源负载电压不要超过 20V，负载不要开路。

② 换接线路时，必须关闭电源开关。

六、预习思考题

① 通常直流稳压电源的输出端不允许短路，直流恒流源的输出端不允许开路，为什么？

② 电压源与电流源的外特性为什么呈下降变化趋势，稳压源和恒流源的输出在任何负载下是否保持恒值？

七、实验报告

① 根据实验数据绘出电源的四条外特性曲线，并总结、归纳各类电源的特性。

② 从实验结果，验证电源等效变换的条件。

③ 心得体会及其他。

3.6　戴维南定理和诺顿定理的验证

一、实验目的

① 验证戴维南定理和诺顿定理的正确性，加深对该定理的理解。

② 掌握测量有源二端网络等效参数的一般方法。

二、实验原理

① 任何一个线性含源网络，如果仅研究其中一条支路的电压和电流，则可将电路的其余部分看做是一个有源二端网络（或称为含源一端口网络）。

戴维南定理指出：任何一个线性有源网络，总可以用一个电压源与一个电阻的串联来等效代替，此电压源的电动势 U_S 等于这个有源二端网络的开路电压 U_{OC}，其等效内阻 R_0 等于该网络中所有独立源均置零（理想电压源视为短接，理想电流源视为开路）时的等效电阻。

诺顿定理指出：任何一个线性有源网络，总可以用一个电流源与一个电阻的并联组合来等效代替，此电流源的电流 I_S 等于这个有源二端网络的短路电流 I_{SC}，其等效内阻 R_0 定义同戴维南定理。U_{OC}（U_S）和 R_0 或者 I_{SC}（I_S）和 R_0 称为有源二端网络的等效参数。

② 有源二端网络等效参数的测量方法：

a. 使用开路电压、短路电流法在有源二端网络输出端开路时测量 R_0，用电压表直接测其输出端的开路电压 U_{OC}，然后再将其输出端短路，用电流表测其短路电流 I_{SC}，则等效内阻为：

$$R_0 = \frac{U_{OC}}{I_{SC}}$$

如果二端网络的内阻很小，若将其输出端口短路，则易损坏其内部元件，因此不宜用此法。

b. 伏安法测 R_0 用电压表、电流表测出有源二端网络的外特性曲线，如图 3-11 所示。根据外特性曲线求出斜率 $\tan\varphi$，则内阻

$$R_0 = \tan\varphi = \frac{\Delta U}{\Delta I} = \frac{U_{OC}}{I_{SC}}$$

也可以先测量开路电压 U_{OC}，再测量电流为额定值 I_N 时的输出端电压值 U_N，则内阻为：

$$R_O = \frac{U_{OC} - U_N}{I_N}$$

c. 半电压法测量 R_0 如图 3-12 所示,当负载电压为被测网络开路电压的一半时,负载电阻(由电阻箱的读数确定)即为被测有源二端网络的等效内阻值。

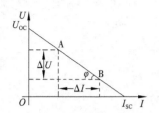

图 3-11　伏安法测 R_0 的电路

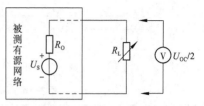

图 3-12　半电压法测 R_0 的电路

d. 零示法测 U_{OC} 在测量具有高内阻有源二端网络的开路电压时,用电压表直接测量会造成较大的误差。为了消除电压表内阻的影响,往往采用零示测量法,如图 3-13 所示。

零示法测量原理是用一低内阻的稳压电源与被测有源二端网络进行比较,当稳压电源的输出电压与有源二端网络的开路电压相等时,电压表的读数将为 "0"。然后将电路断开,测量此时稳压电源的输出电压,即为被测有源二端网络的开路电压。

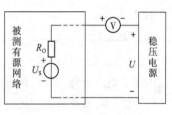

图 3-13　零示法测 U_{OC} 电路

三、实验设备

① 0~30V 可调直流稳压电源;

② 0~500mA 可调直流恒流源;

③ 0~200V 直流数字电压表;

④ 0~200mA 直流数字毫安表;

⑤ 万用表;

⑥ 可调电阻箱(0~99999.9Ω);

⑦ 电位器(1kΩ/2W);

⑧ 戴维南定理实验电路板。

四、实验内容

被测有源二端网络如图 3-14(a)所示。

① 用开路电压、短路电流法测定戴维南等效电路的 U_{OC}、R_0 和诺顿等效电路的 I_{SC}、R_0。按图 3-14(a)接入稳压电源 U_S=12V 和恒流源 I_S=10mA,不接入 R_L。测出 U_{OC} 和 I_{SC},并计算出 R_0,将数据记录于表 3-13 中。

表 3-13　戴维南等效电路参数

U_{OC}/V	I_{SC}/mA	$R_0 = U_{OC}/I_{SC}/\Omega$

② 负载实验。

按图 3-14(a)接入 R_L。改变 R_L 阻值,测量有源二端网络的外特性曲线,将数据记录于表 3-14 中。

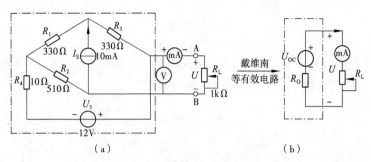

图 3-14　戴维南定理验证电路

表 3-14　有源二端网络外特性测量表

R_L/Ω	0	51	200	1k	6.2k	10k	∞
U/V							
I/mA							

③ 验证戴维南定理：从电阻箱上取得按步骤①所得的等效电阻 R_0 之值，然后令其与直流稳压电源（调到步骤①时所测得的开路电压 U_{OC} 之值）串联，如图 3-14（b）所示，仿照步骤②测其外特性，对戴维南定理进行验证并将数据记录于表 3-15 中。

表 3-15　戴维南等效电路外特性测量表

R_L/Ω	0	51	200	1k	6.2k	10k	∞
U/V							
I/mA							

④ 验证诺顿定理：从电阻箱上取得按步骤①所得的等效电阻 R_0 之值，然后令其与直流恒流源（调到步骤①时所测得的短路电流 I_{SC} 之值）并联，如图 3-15 所示，仿照步骤②测其外特性，对诺顿定理进行验证并将数据记录于表 3-16 中。

表 3-16　诺顿等效电路外特性测量表

R_L/Ω	0	51	200	1k	6.2k	10k	∞
U/V							
I/mA							

⑤ 有源二端网络等效电阻（又称入端电阻）的直接测量法。见图 3-14（a），将被测有源网络内的所有独立源置零（去掉电流源 I_S 和电压源 U_S，并在原电压源所接的两点用一根导线相连），然后用伏安法或者直接用万用表的欧姆挡去测定负载 R_L 开路时 A、B 两点间的电阻，此即为被测网络的等效内阻 R_0，或称网络的入端电阻 R_i。

⑥ 用半电压法和零示法测量被测网络的等效内阻 R_0 及其开路电压 U_{OC}。线路及数据表格自拟。

五、实验注意事项

① 步骤⑤中，电压源置零时不可将稳压源短接。

② 用万表直接测 R_0 时，网络内的独立源必须先置零，以免损坏万用表。其次，欧姆挡必须经调零后再进行测量。

③ 用零示法测量 U_{oc} 时，应先将稳压电源的输出调至接近于 U_{oc}，再按图 3-15 所示测量。

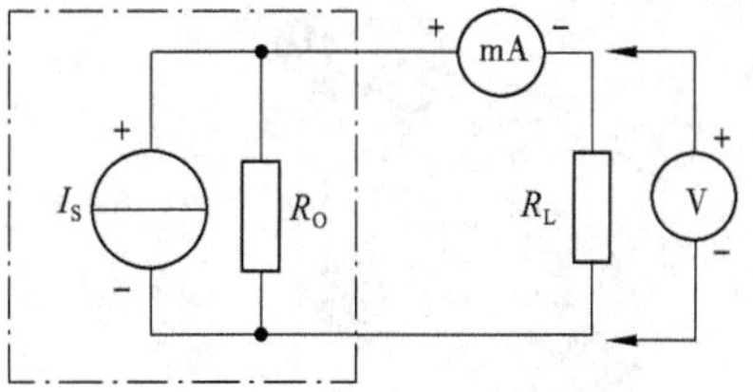

图 3-15　诺顿定理等效电路

六、预习思考题

① 在求戴维南或诺顿等效电路时，做短路试验，测量 I_{sc} 的条件是什么？在本实验中可否直接做负载短路实验？请实验前对线路 3-14（a）预先作好计算，以便调整实验线路及测量时可准确地选取电表的量程。

② 说明测量有源二端网络开路电压及等效内阻的几种方法，并比较其优缺点。

七、实验报告

① 根据步骤②、步骤③、步骤④，分别绘出曲线，验证戴维南定理和诺顿定理的正确性，并分析产生误差的原因。

② 根据步骤①、步骤⑤、步骤⑥的几种方法测得的 U_{oc} 和 R_0，与预习时电路计算的结果作比较，你能得出什么结论？

③ 归纳、总结实验结果。

3.7　RC 一阶电路的响应测试

一、实验目的

① 测定 RC 一阶电路的零输入响应、零状态响应及完全响应。

② 学习电路时间常数的测量方法。

③ 掌握微分电路和积分电路的概念。

④ 进一步学会使用示波器观测波形。

二、实验原理

① 动态网络的过渡过程是十分短暂的单次变化过程。要用普通示波器观察过渡过程和测量有关的参数，就必须使这种单次变化的过程重复出现。为此，我们利用信号发生器输出的方波来模拟阶跃激励信号，即利用方波输出的上升沿作为零状态响应的正阶跃激励信号；利用方波的下降沿为零输入响应的负阶跃激励信号。只要选择方波的重复周期远大于电路的时间常数 τ，那么电路在这样的方波序列脉冲信号的激励下，它的响应就和直流电接通与断开的过渡过程是基本相同的。图 3-16（b）所示的 RC 一阶电路的零输入响应和零状态响应分别按指数规律衰减和增长，其变化的快慢决定于电路的时间常数 τ。

② 时间常数 τ 的测定方法。

用示波器测量零输入响应，波形如图 3-16（a）所示。

根据一阶微分方程的求解得知 $U_c = U_m e^{-\frac{t}{\tau}} = U_m e^{-\frac{t}{RC}}$。当 $t = \tau$ 时，$U_c(\tau) = 0.368U_m$。此时所对应的时间就等于 τ。亦可用零状态响应波形增加到 $0.632U_m$ 所对应的时间测得，如图 3-16（c）所示。

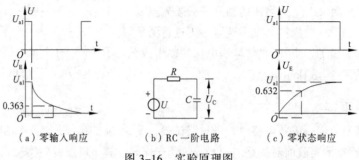

（a）零输入响应　　　　（b）RC 一阶电路　　　　（c）零状态响应

图 3-16　实验原理图

③ 微分电路和积分电路是 RC 一阶电路中较典型的电路，它对电路元件参数和输入信号的周期有着特定的要求。一个简单的 RC 串联电路，在方波序列脉冲的重复激励下，当满足

$$\tau = RC \ll \frac{T}{2}$$

时（T 为方波脉冲的重复周期），且由 R 两端的电压作为响应输出，则该电路就是一个微分电路。因为此时电路的输出信号电压与输入信号电压的微分成正比。如图 3-17（a）所示。利用微分电路可以将方波转变成尖脉冲。

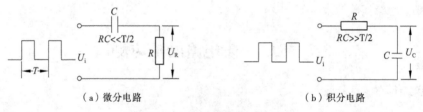

（a）微分电路　　　　　　　　　　　（b）积分电路

图 3-17　微分与积分电路图

若将图 3-17（a）中的 R 与 C 位置调换一下，如图 3-17（b）所示，由 C 两端的电压作为响应输出，且当电路的参数满足：

$$\tau = RC \gg \frac{T}{2}$$

时则该 RC 电路称为积分电路。因为此时电路的输出信号电压与输入信号电压的积分成正比。利用积分电路可以将方波转变成三角波。

从输入、出波形来看，上述两个电路均起着波形变换的作用，请在实验过程仔细观察记录。

三、实验设备

① 函数信号发生器；
② 双踪示波器；
③ 动态电路实验板。

四、实验内容

实验线路板的器件组件，如图 3-18 所示，请认清 R、C 元件的布局及其标称值，各开关的通断位置等。

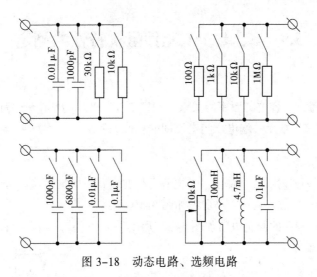

图 3-18 动态电路、选频电路

① 从电路板上选择 $R = 10\text{k}\Omega$、$C = 6800\text{pF}$ 组成如图 3-16（b）所示的 RC 充放电电路。u_i 为脉冲信号发生器输出的 $U_m = 3\text{V}$、$f = 1\text{kHz}$ 的方波电压信号，并通过两根同轴电缆线，将激励源 u_i 和响应 u_C 的信号分别连至示波器的两个输入口 Y_A 和 Y_B。这时可在示波器的屏幕上观察到激励与响应的变化规律，请测算出时间常数 τ，并用方格纸按 1:1 的比例描绘波形。少量地改变电容值或电阻值，定性地观察对响应的影响，记录观察到的现象。

② 令 $R = 10\text{k}\Omega$，$C = 0.1\mu\text{F}$，观察并描绘响应的波形，继续增大 C 的值，定性地观察对响应的影响。

③ 令 $C = 0.01\mu\text{F}$，$R = 100\Omega$，组成如图 3-17（a）所示的微分电路。在同样的方波激励信号（$U_m = 3\text{V}$，$f = 1\text{kHz}$）的作用下，观测并描绘激励与响应的波形。增减 R 的值，定性地观察对响应的影响，并作记录。当 R 增至 $1\text{M}\Omega$ 时，输入、输出波形有何本质上的区别？

五、实验注意事项

信号源的接地端与示波器的接地端要连在一起（称共地），以防外界干扰而影响测量的准确性。

六、预习思考题

① 已知 RC 一阶电路 $R = 10\text{k}\Omega$，$C = 0.1\mu\text{F}$，试计算时间常数 τ，并根据 τ 值的物理意义，拟定测量 τ 的方案。

② 何谓积分电路和微分电路？它们必须具备什么条件？它们在方波序列脉冲的激励下，其输出信号波形的变化规律如何？这两种电路有何功用？

七、实验报告

① 根据实验观测结果，在方格纸上绘出 RC 一阶电路充放电时 u_C 的变化曲线，由曲线测得 τ 值，并与参数值的计算结果作比较，分析误差原因。

② 根据实验观测结果，归纳、总结积分电路和微分电路的形成条件，阐明波形变换的特征。

③ 心得体会及其他。

3.8 R、L、C元件阻抗特性的测定

一、实验目的

① 验证电阻、感抗、容抗与频率的关系，测定 $R{\sim}f$、$X_L{\sim}f$ 及 $X_C{\sim}f$ 特性曲线。

② 加深理解 R、L、C 元件端电压与电流间的相位关系。

二、实验原理

① 在正弦交变信号作用下，R、L、C 电路元件在电路中的抗流作用与信号的频率有关，它们的阻抗频率特性 $R{\sim}f$，$X_L{\sim}f$，$X_C{\sim}f$ 曲线如图 3-19 所示。

② 元件阻抗频率特性的测量电路如图 3-20 所示。

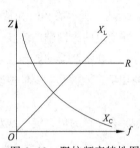

图 3-19 阻抗频率特性图

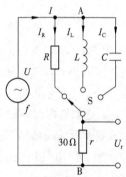

图 3-20 阻抗频率特性测量电路

图 3-20 中的 r 是提供测量回路电流用的标准小电阻，由于 r 的阻值远小于被测元件的阻抗值，因此可以认为 AB 之间的电压就是被测元件 R、L 或 C 两端的电压，流过被测元件的电流则可由其两端的电压除以 r 所得。

若用双踪示波器同时观察 r 与被测元件两端的电压，亦就展现出被测元件两端的电压和流过该元件电流的波形，从而可在荧光屏上测出电压与电流的幅值及它们之间的相位差。

① 将元件 R、L、C 串联或并联相接，亦可用同样的方法测得 Z 串联与 Z 并联的阻抗频率特性 $Z{\sim}f$，根据电压、电流的相位差可判断 Z 串联或 Z 并联电路是感性还是容性负载。

② 元件的阻抗角（即相位差 φ）随输入信号的频率变化而改变，将各个不同频率下的相位差画在以频率 f 为横坐标、阻抗角 φ 为纵坐标的座标纸上，并用光滑的曲线连接这些点，即得到阻抗角的频率特性曲线。用双踪示波器测量阻抗角的方法如图 3-21 所示。从荧光屏上数得一个周期占 n 格，相位差占 m 格，则实际的相位差 φ（阻抗角）为：

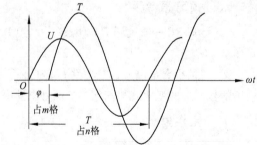

图 3-21 示波器测量阻抗角原理图

$$\varphi = m \times \frac{360}{n} \text{（度）}$$

三、实验设备

① 低频信号发生器；

② 0~600V 交流毫伏表；

③ 双踪示波器；

④ 频率计；

⑤ 实验电路元件（$R=1k\Omega$、$C=1\mu F$、$L \approx 1H$）；

⑥ 30Ω 电阻。

四、实验内容

① 测量 R、L、C 元件的阻抗频率特性。

通过电缆线将低频信号发生器输出的正弦信号接至如图 3-20 的电路，作为激励源 u，并用交流毫伏表测量，使激励电压的有效值为 $U = 3V$，并保持不变。使信号源的输出频率从 200Hz 逐渐增至 5kHz（用频率计测量），并使开关 S 分别接通 R、L、C 三个元件，用交流毫伏表测量 U_r，并计算各频率点时的 I_R、I_L 和 I_C（即 U_r/r）以及 $R=U/I_R$、$X_L=U/I_L$、$X_C=U/I_C$ 之值。

注意：在接通 C 测试时，信号源的频率应控制在 200~2500Hz 之间。

② 用双踪示波器观察在不同频率下各元件阻抗角的变化情况，按图 3-21 记录 n 和 m，算出 φ。

③ 测量 R、L、C 元件串联的阻抗角频率特性。

五、实验注意事项

① 交流毫伏表属于高阻抗电表，测量前必须先调零。

② 测 φ 时，示波器的 "V/div" 和 "t/div" 的微调旋钮应旋置 "校准位置"。

六、预习思考题

测量 R、L、C 各个元件的阻抗角时，为什么要与它们串联一个小电阻？可否用一个小电感或大电容来代替？为什么？

七、实验报告

① 根据实验数据，在方格纸上绘制 R、L、C 三个元件的阻抗频率特性曲线，从中可得出什么结论？

② 根据实验数据，在方格纸上绘制 R、L、C 三个元件串联的阻抗角频率特性曲线，并总结、归纳出结论。

③ 心得体会及其他。

3.9　正弦稳态交流电路相量

一、实验目的

① 研究正弦稳态交流电路中电压、电流相量之间的关系。

② 掌握日光灯线路的接线。

③ 理解改善电路功率因数的意义并掌握其方法。

二、实验原理

① 在单相正弦交流电路中，用交流电流表测得各支路的电流值，用交流电压表测得回路各元件两端的电压值，它们之间的关系满足相量形式的基尔霍夫定律，即 $\Sigma I = 0$ 和 $\Sigma U = 0$。

② 图 3-22 所示的 RC 串联电路，在正弦稳态信号 U 的激励下，U_R 与 U_C 保持有 90° 的相位差，即当 R 阻值改变时，U_R 的相量轨迹是一个半圆。U、U_C 与 U_R 三者形成一个电压直角三角形，如图 3-23 所示。R 值改变时，可改变 φ 角的大小，从而达到移相的目的。

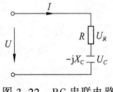

图 3-22　RC 串联电路

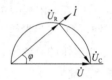

图 3-23　相量图

③ 日光灯电路如图 3-24 所示，图中 A 是日光灯管，L 是镇流器，S 是启辉器，C 是补偿电容器，用以改善电路的功率因数（$\cos\varphi$ 值）。有关日光灯的工作原理请自行翻阅相关资料。

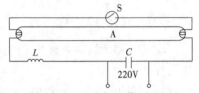

图 3-24　日光灯工作原理图

三、实验设备

① 0～450V 交流电压表；

② 0～5A 交流电流表；

③ 功率表；

④ 自耦调压器；

⑤ 镇流器、启辉器（与 40W 灯管配用）；

⑥ 40W 日光灯灯管；

⑦ 电容器（1μF、2.2μF、4.7μF/500V）；

⑧ 白炽灯及灯座（220V、15W）；

⑨ 电流插座。

四、实验内容

① 按图 3-22 接线。R 为 220V、15W 的白炽灯泡，电容器为 4.7μF/450V。经指导教师检查后，接通实验台电源，将自耦调压器输出（即 U）调至 220V。记录 U、U_R、U_C 值，验证电压三角形的关系，将结果填入表 3-17 中。

表 3-17　电压三角形测量表

测 量 值			计 算 值		
U/V	U_R/V	U_C/V	$U' = \sqrt{U_R{}^2 + U_C{}^2}$	$\Delta U = U' - U$	$\Delta U / U$

② 日光灯线路接线与测量。

按图 3-25 接线。经指导教师检查后接通实验台电源，调节自耦调压器的输出，使其输出电压缓慢增大，直到日光灯刚启辉点亮为止，记下三表的指示值。然后将电压调至 220V，测量功率 P，电流 I，电压 U，U_L，U_A 等值，验证电压、电流相量关系，并将结果填入表 3-18 中。

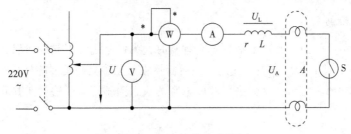

图 3-25 日光灯线路连接图

表 3-18 日光灯电路测量表

	测　量　数　值					计　算　值	
	P/W	$\cos\varphi$	I/A	U/V	U_L/V	U_A/V	r/Ω	$\cos\varphi$
启辉值								
正常工作值								

③ 并联电路中电路功率因数的改善。按图 3-26 组成实验线路。

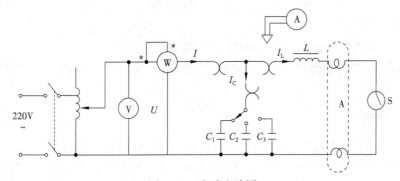

图 3-26 实验电路图

经指导老师检查后，接通实验台电源，将自耦调压器的输出调至 220V，记录功率表、电压表读数。通过一只电流表和三个电流插座分别测得三条支路的电流，改变电容值，进行三次重复测量。数据记入表 3-19 中。

表 3-19 实验数据记录表

电　容　值	测　量　数　值						计　算　值	
C/μF	P/W	$\cos\varphi$	U/V	I/A	I_L/A	I_C/A	I'/A	$\cos\varphi$
0								
1								
2.2								
4.7								

五、实验注意事项

① 本实验用交流市电 220V，务必注意用电和人身安全。

② 功率表要正确接入电路。

③ 线路接线正确，日光灯不能启辉时，应检查启辉器及其接触是否良好。

六、预习思考题

① 在日常生活中，当日光灯上缺少了启辉器时，人们常用一根导线将启辉器的两端短接一下，然后迅速断开，使日光灯点亮。或用一只启辉器去点亮多只同类型的日光灯，这是为什么？

② 提高线路功率因数为什么只采用并联电容器法，而不用串联法？所并联的电容器是否越大越好？

七、实验报告

① 完成数据表格中的计算，进行必要的误差分析。

② 根据实验数据，分别绘出电压、电流相量图，验证相量形式的基尔霍夫定律。

③ 讨论改善电路功率因数的意义和方法。

④ 装接日光灯电路的心得体会及其他。

3.10 R、L、C 串联谐振电路

一、实验目的

① 学习用实验方法绘制 R、L、C 串联电路的幅频特性曲线。

② 加深理解电路发生谐振的条件、特点，掌握电路品质因数（电路 Q 值）的物理意义及其测定方法。

二、实验原理

① 在图 3-27 所示的 R、L、C 串联电路中，当正弦交流信号源的频率 f 改变时，电路中的感抗、容抗随之而变，电路中的电流也随 f 而变。取电阻 R 上的电压 u_o 作为响应，当输入电压 u_i 的幅值维持不变时，在不同频率的信号激励下，测出 U_o 之值，然后以 f 为横坐标，以 U_o/U_i 为纵坐标（因 U_i 不变，故也可直接以 U_o 为纵坐标），绘出光滑的曲线，此即为幅频特性曲线，亦称谐振曲线，如图 3-28 所示。

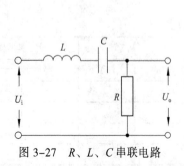

图 3-27 R、L、C 串联电路

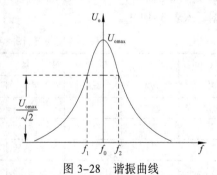

图 3-28 谐振曲线

② 在 $f=f_0=\dfrac{1}{2\pi\sqrt{LC}}$ 处,即幅频特性曲线尖峰所在的频率点称为谐振频率。此时 $X_L=X_C$,电路呈纯阻性,电路阻抗的模为最小。在输入电压 U_i 为定值时,电路中的电流达到最大值,且与输入电压 u_i 同相位。从理论上讲,此时 $U_i=U_R=U_0$,$U_L=U_C=QU_i$,式中的 Q 称为电路的品质因数。

③ 电路品质因数 Q 值的两种测量方法。

一是根据公式 $Q=\dfrac{U_L}{U_0}=\dfrac{U_C}{U_0}$ 测定,U_C 与 U_L 分别为谐振时电容器 C 和电感线圈 L 上的电压;另

一方法是通过测量谐振曲线的通频带宽度 $\Delta f=f_2-f_1$,再根据 $Q=\dfrac{f_0}{f_2-f_1}$,求出 Q 值。式中 f_0 为谐振频率,f_2 和 f_1 是失谐时,亦即输出电压的幅度下降到最大值的 $1/\sqrt{2}$ 时的上、下频率点。Q 值越大,曲线越尖锐,通频带越窄,电路的选择性越好。在恒压源供电时,电路的品质因数、选择性与通频带只决定于电路本身的参数,而与信号源无关。

三、实验设备

① 低频函数信号发生器;
② 0～600V 交流毫伏表;
③ 双踪示波器;
④ 频率计;
⑤ 谐振电路实验电路板($R=200\,\Omega/1\mathrm{k}\Omega$、$C=0.01\mu\mathrm{F}/0.1\mu\mathrm{F}$、$L\approx30\mathrm{mH}$)。

四、实验内容

① 按图 3-29 组成监视、测量电路。先选用 C_1、R_1。用交流毫伏表测电压,用示波器监视信号源输出。令信号源输出电压 $U_i=4V_{\mathrm{P-P}}$,并保持不变。

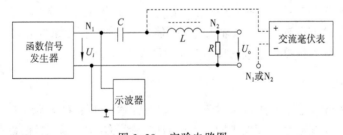

图 3-29　实验电路图

② 找出电路的谐振频率 f_0,其方法是,将毫伏表接在 R(200Ω)两端,令信号源的频率由小逐渐变大(注意要维持信号源的输出幅度不变),当 U_0 的读数为最大时,读得频率计上的频率值即为电路的谐振频率 f_0,并测量 U_C 与 U_L 之值(注意及时更换毫伏表的量限)。

③ 在谐振点两侧,按频率递增或递减 500Hz 或 1kHz,依次各取 8 个测量点,逐点测出 U_0,U_L、U_C 之值,记入数据表格。

④ 将电阻改为 R_2,重复步骤②、③的测量过程

⑤ 选 C_2,重复②～④。(自制表格),并填写表 3-20。

表 3-20　RLC 串联电路数据记录表

f/kHz											
U_0/V											
U_L/V											
U_C/V											

$U_i=4V_{P-P}$,　$C=0.01\mu F$,　$R=510\Omega$,　$f_0=$　　, $f_2-f_1=$　　, $Q=$　　。

五、实验注意事项

① 测试频率点的选择应在靠近谐振频率附近多取几点。在变换频率测试前，应调整信号输出幅度（用示波器监视输出幅度），使其维持在 3V，将数据填入表 3-21。

表 3-21　RLC 串联电路数据记录表

/kHz											
U_0/V											
U_L/V											
U_C/V											

$U_i=4V_{P-P}$,　　$C=0.01\mu F$,　　$R=1k\Omega$,　$f_0=$　　, $f_2-f_1=$　　, $Q=$　　。

② 测量 U_C 和 U_L 数值前，应将毫伏表的量限改大，而且在测量 U_L 与 U_C 时毫伏表的"+"端应接 C 与 L 的公共点，其接地端应分别接 L 和 C 的近地端 N_2 和 N_1。

③ 实验中，信号源的外壳应与毫伏表的外壳绝缘（不共地）。如能用浮地式交流毫伏表测量，则效果更佳。

六、预习思考题

① 根据实验线路板给出的元件参数值，估算电路的谐振频率。

② 改变电路的哪些参数可以使电路发生谐振，电路中 R 的数值是否影响谐振频率值？

③ 电路发生串联谐振时，为什么输入电压不能太大，如果信号源给出 3V 的电压，电路谐振时，用交流毫伏表测 U_L 和 U_C，应该选择用多大的量程？

七、实验报告

① 根据测量数据，绘出不同 Q 值时三条幅频特性曲线，即：$U_0 = f(f)$，$U_L = f(f)$，$U_C = f(f)$。

② 计算出通频带与 Q 值，说明不同 R 值时对电路通频带与品质因数的影响。

③ 对两种不同的测 Q 值的方法进行比较，分析误差原因。

④ 谐振时，比较输出电压 U_0 与输入电压 U_i 是否相等？试分析原因。

⑤ 通过本次实验，总结、归纳串联谐振电路的特性。

⑥ 心得体会及其他。

3.11　三相交流电路电压、电流及功率的测量

一、实验目的

① 掌握三相负载作星形连接、三角形连接的方法，验证这两种接法下线、相电压及线、相

电流之间的关系。

② 充分理解三相四线供电系统中中线的作用。

③ 熟练掌握功率表的接线和使用方法。

二、实验原理

① 三相负载可接成星形（又称"Y"接）或三角形(又称"△"接)。当三相对称负载作 Y 形连接时，线电压 U_L 是相电压 U_p 的 $\sqrt{3}$ 倍。线电流 I_L 等于相电流 I_p，即 $U_L = \sqrt{3} U_P$，$I_L = I_p$。

在这种情况下，流过中线的电流 $I_0 = 0$，所以可以省去中线。

当对称三相负载作△形连接时，有 $I_L = \sqrt{3} I_p$，$U_L = U_p$。

② 不对称三相负载作 Y 连接时，必须采用三相四线制接法，即 Y_0 接法。而且中线必须牢固连接，以保证三相不对称负载的每相电压维持对称不变。倘若中线断开，会导致三相负载电压的不对称，致使负载轻的那一相的相电压过高，使负载遭受损坏；负载重的一相相电压又过低，使负载不能正常工作。尤其是对于三相照明负载，无条件地一律采用 Y_0 接法。

③ 当不对称负载作 △ 连接时，$I_L \neq \sqrt{3} I_p$，但只要电源的线电压 U_L 对称，加在三相负载上的电压仍是对称的，对各相负载工作没有影响。

④ 对于三相四线制供电的三相星形连接的负载（即 Y_0 接法），可用一只功率表测量各相的有功功率 P_A、P_B、P_C，则三相负载的总的有功功率 $\sum P = P_A + P_B + P_C$。这就是一瓦特表法，如图 3-30 所示。若三相负载是对称的，则只需测量一相的功率，再乘 3 即得三相总的有功功率。

⑤ 三相三线制供电系统中，不论三相负载是否对称，也不论负载是 Y 接还是△接，都可用二瓦特表法测量三相负载的总有功功率。测量线路如图 3-31 所示。若负载为感性或容性，且当相位差 $\varphi > 60°$ 时，线路中的一只功率表指针将反偏（数字式功率表将出现负读数），这时应将功率表电流线圈的两个端子调换（不能调换电压线圈端子），其读数应记为负值。而三相总功率 $\sum P = P_1 + P_2$（P_1、P_2 本身不含任何意义）。

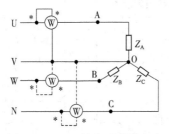

图 3-30 一瓦特表法测量电路

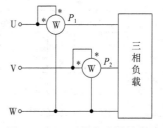

图 3-31 二瓦特表法测量电路

除图 3-31 的 I_A、U_{AC} 与 I_B、U_{BC} 接法外，还有 I_B、U_{AB} 与 I_C、U_{AC} 以及 I_A、U_{AB} 与 I_C、U_{BC} 两种接法。

⑥ 对于三相三线制供电的三相对称负载，可用一瓦特表法测得三相负载的总无功功率 Q，测试原理线路如图 3-32 所示。

图示功率表读数的 $\sqrt{3}$ 倍，即为对称三相电路总的无功功率。除了此图给出的一种连接法（I_U、U_{VW}）外，还有另外两种连接法，即接成（I_V、U_{UW}）或（I_W、U_{UV}）。

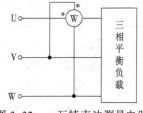

图 3-32 一瓦特表法测量电路

三、实验设备

① 0～500V 交流电压表；

② 0～5A 交流电流表；

③ 万用表；

④ 三相自耦调压器；

⑤ 三相灯组负载（220V，15W 白炽灯）；

⑥ 电门插座；

⑦ 单相功率表。

四、实验内容

1. 三相负载星形连接（三相四线制供电）

按图 3-33 线路组接实验电路。即三相灯组负载经三相自耦调压器接通三相对称电源。将三相调压器的旋柄置于输出为 0V 的位置（即逆时针旋到底）。经指导教师检查合格后，方可开启实验台电源，然后调节调压器的输出，使输出的三相线电压为 220V，并按下述内容完成各项实验，分别测量三相负载的线电压、相电压、线电流、相电流、中线电流、电源与负载中点间的电压。将所测得的数据记入表 3-22 中，并观察各相灯组亮暗的变化程度，特别要注意观察中线的作用。

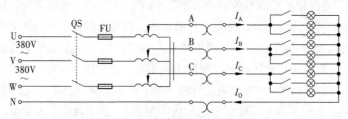

图 3-33　三相负载星形连接电路

表 3-22　三相负载星形连接数据记录表

测量数据 实验内容 （负载情况）	开灯盏数			线电流/A			线电压/V			相电压/V			中线电流 I_0 (A)	中点电压 U_{N0} (V)
	A相	B相	C相	I_A	I_B	I_C	U_{AB}	U_{BC}	U_{CA}	U_{AO}	U_{BO}	U_{CO}		
Y_0接平衡负载	3	3	3											
Y接平衡负载	3	3	3											
Y_0接不平衡负载	1	2	3											
Y接不平衡负载	1	2	3											
Y_0接B相断开	1		3											
Y接B相断开	1		3											
Y接B相短路	1		3											

2. 负载三角形连接（三相三线制供电）

按图 3-34 改接线路，经指导教师检查合格后接通三相电源，并调节调压器，使其输出线电压为 220V，并按表 3-23 的内容进行测试。

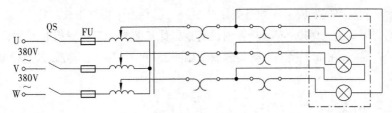

图 3-34　三相负载三角形连接电路

表 3-23　三相负载三角形连接数据记录表

测量数据 负载情况	开 灯 盏 数			线电压=相电压			线电流/A			相电流/A		
	A–B 相	B–C 相	C–A 相	U_{AB}	U_{BC}	U_{CA}	I_A	I_B	I_C	I_{AB}	I_{BC}	I_{CA}
三相平衡	3	3	3									
三相不平衡	1	2	3									

3. 测量

用一瓦特表法测定三相对称 Y_0 接以及不对称 Y_0 接负载的总功率 ΣP。实验按图 3-35 线路接线。线路中的电流表和电压表用以监视该相的电流和电压，不要超过功率表电压和电流的量程。

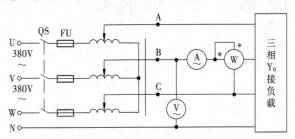

图 3-35　一瓦特表法测定三相对称 Y_0 接以及不对称 Y_0 接负载总功率

经指导教师检查后，接通三相电源，调节调压器输出，使输出线电压为 220V，按表 3-24 的要求进行测量及计算。

表 3-24　一瓦特表法测定三相对称 Y_0 接以及不对称 Y_0 接负载总功率数据记录表

负载情况	开灯盏数			测量数据			计算值
	A 相	B 相	C 相	P_A/W	P_B/W	P_C/W	$\Sigma P/W$
Y_0 接对称负载	3	3	3				
Y_0 接不对称负载	1	2	3				

首先将三只表按图 3-33 接入 B 相进行测量，然后分别将三只表换接到 A 相和 C 相，再进行测量。

五、实验注意事项

① 本实验采用三相交流市电，线电压为 380V，应穿绝缘鞋进实验室。实验时要注意人身安全，不可触及导电部件，防止意外事故发生。

② 每次接线完毕，同组同学应自查一遍，然后由指导教师检查后，方可接通电源，必须严格遵守先断电、再接线、后通电；先断电、后拆线的实验操作原则。

③ 做星形负载短路实验时，必须首先断开中线，以免发生短路事故。

④ 为避免烧坏灯泡，DG08 实验挂箱内设有过压保护装置。当任一相电压大于 245V 时，即声光报警并跳闸。因此，在做 Y 接不平衡负载或缺相实验时，所加线电压应以最高相电压小于 240V 为宜。

六、预习思考题

① 三相负载根据什么条件作星形或三角形连接？

② 复习三相交流电路有关内容，试分析三相星形连接不对称负载在无中线情况下，当某相负载开路或短路时会出现什么情况？如果接上中线，情况又如何？

③ 本次实验中为什么要通过三相调压器将 380V 的市电线电压降为 220V 的线电压使用？

七、实验报告

① 用实验测得的数据验证对称三相电路中的 $\sqrt{3}$ 关系。

② 用实验数据和观察到的现象，总结三相四线供电系统中中线的作用。

③ 不对称三角形连接的负载，能否正常工作？实验是否能证明这一点？

④ 根据不对称负载三角形连接时的相电流值作相量图，并求出线电流值，然后与实验测得的线电流作比较，分析结果。

⑤ 用实验数据计算三相功率，并与功率表所测数值进行比较，分析结果。

⑥ 心得体会及其他。

第4章 | 模拟电路基础实验

本章主要介绍模拟电子技术教学内容的基础性实验，包括了单管电压放大器、射极跟随器、差动放大器、集成运算放大器、负反馈放大电路及直流稳压电源等常见的基本模拟电子电路，进一步学习模拟电子技术的理论内容。

4.1 晶体管共射极单管放大器

一、实验目的

① 学会放大器静态工作点的调试方法，分析静态工作点对放大器性能的影响。

② 掌握放大器电压放大倍数、输入电阻、输出电阻及最大不失真输出电压的测试方法。

③ 熟悉常用电子仪器及模拟电路实验设备的使用。

二、实验原理

图 4-1 所示为分压式偏置单管放大器实验电路图。

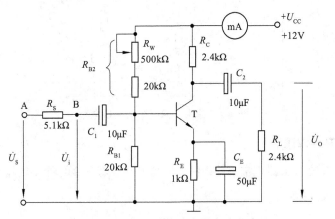

图 4-1 共射极单管放大器实验电路

静态工作点可用下式估算：

$$U_B \approx \frac{R_{B1}}{R_{B1} + R_{B2}} U_{CC}$$

$$I_E \approx \frac{U_B - U_{BE}}{R_E} \approx I_C$$

$$U_{CE} = U_{CC} - I_C(R_C + R_E)$$

电压放大倍数

$$A_V = -\beta \frac{R_C /\!/ R_L}{r_{be}}$$

输入电阻

$$R_i = R_{B1} /\!/ R_{B2} /\!/ r_{be}$$

输出电阻

$$R_0 \approx R_C$$

1. 电压放大倍数 A_V 的测量

调整放大器到合适的静态工作点，然后加入输入电压 u_i，在输出电压 u_o 不失真的情况下，用交流毫伏表测出 u_i 和 u_o 的有效值 U_i 和 U_o，则

$$A_V = \frac{U_o}{U_i}$$

2. 输入电阻 R_i 的测量

为了测量放大器的输入电阻，按图 4-2 电路在被测放大器的输入端与信号源之间串联一个已知电阻 R，在放大器正常工作的情况下，用交流毫伏表测出 U_s 和 U_i，则根据输入电阻的定义可得

$$R_i = \frac{U_i}{I_i} = \frac{U_i}{\frac{U_R}{R}} = \frac{U_i}{U_s - U_i}R$$

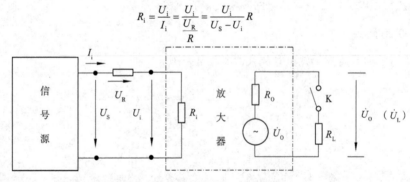

图 4-2 输入、输出电阻测量电路

3. 输出电阻 R_0 的测量

按图 4-2 电路，在放大器正常工作条件下，测出输出端不接负载 R_L 的输出电压 U_0 和接入负载后的输出电压 U_L，根据

$$U_L = \frac{R_L}{R_0 + R_L}U_0$$

即可求出

$$R_0 = (\frac{U_0}{U_L} - 1)R_L$$

在测试中应注意，必须保持 R_L 接入前后输入信号的大小不变。

4. 放大器幅频特性的测量

放大器的幅频特性是指放大器的电压放大倍数 A_u 与输入信号频率 f 之间的关系曲线。单管阻容耦合放大电路的幅频特性曲线如图 4-3 所示，A_{um} 为中频电压放大倍数，通常规定电压放大倍数随频率变化下降到中频放大倍数的 $1/\sqrt{2}$ 倍，即 $0.707A_{um}$ 所对应的频率分别称为下限频率 f_L 和上限频率 f_H，则通频带 $f_{BW} = f_H - f_L$。

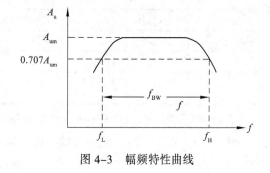

图 4-3 幅频特性曲线

三、实验设备与器件

① +12V 直流电源；

② 函数信号发生器；

③ 双踪示波器；

④ 交流毫伏表；

⑤ 直流电压表；

⑥ 直流毫安表；

⑦ 频率计；

⑧ 实验电路；

⑨ 电阻器、电容器若干。

四、实验内容

实验电路如图 4-1 所示。各电子仪器可按图 1-11 所示的方式连接，为防止干扰，各仪器的公共端必须连在一起，同时信号源、交流毫伏表和示波器的引线应采用专用电缆线或屏蔽线，如使用屏蔽线，则屏蔽线的外包金属网应接在公共接地端上。

1. 调试静态工作点

接通直流电源前，先将 R_W 调至最大，函数信号发生器输出为零。接通 +12V 电源，将直流电流表接入三极管的集电极，调节 R_W，使 $I_C = 2.0\text{mA}$，用直流电压表测量三极管各极对地的电压值 U_B、U_E、U_C，并计算 U_{BE}、U_{CE}，记入表 4-1。

表 4-1 测量静态工作点表（$I_C = 2.0\text{mA}$）

测 量 值			计 算 值		
U_B/V	U_E/V	U_C/V	U_{BE}/V	U_{CE}/V	I_C/mA
					2.0mA

2. 测量电压放大倍数

在放大器输入端加入频率为 1kHz 的正弦信号 u_i，调节函数信号发生器的输出旋钮使放大器输入电压 U_i（V_{p-p}）= 100mV（函数信号发生器的输出为峰–峰值），用交流毫伏表测出放大电路输入电压的有效值 U_i，填入表 4-2 中，然后采用示波器观察放大器输出电压 u_{O1} 波形，在波形不失真的情况下，用交流毫伏表测量下述三种情况下的 U_{O1} 值，并用双通道示波器同时观察 u_{O1} 和 u_i 的相位关系，记入表 4-2。

表 4-2　测量电压放大倍数表（$I_c=2.0\text{mA}$，$U_i=$　　　　）

$R_{C1}/\text{k}\Omega$	$R_{L1}/\text{k}\Omega$	U_{o1}/V	A_V	观察记录一组 u_{o1} 和 u_1 波形
2.4	∞			
1.2	∞			
2.4	2.4			

3. 观察静态工作点对电压放大倍数的影响

置 $R_{C1}=2.4\text{k}\Omega$，$R_{L1}=\infty$，u_i 的峰-峰值为 100mV，用交流毫伏表测出放大电路输入电压的有效值 U_i，填入表 4-3 中。调节 R_W，使 I_c 分别为表 4-3 中的数据时，用交流毫伏表测量对应的 U_{o1} 值，计算放大倍数 A_V，记入表 4-3。（若受元件限制，调不到下面的某些数据时，可以自行选择不同的 I_c 进行测量。）

表 4-3　测量静态工作点对电压放大倍数的影响表（$R_{C1}=2.4\text{k}\Omega$，$R_{L1}=\infty$，$U_i=\underline{}$）

I_c/mA	1.0	1.5	2.0	2.5	3.0
U_{o1}/V					
A_V					

4. 观察静态工作点对输出波形失真的影响

置 $R_{C1}=2.4\text{k}\Omega$，$R_{L1}=\infty$，$u_i=0$，调节 R_W 使 $I_c=2.0\text{mA}$，用直流电压表测出 U_{CE} 值，再逐步加大输入信号到 $U_i=150\sim400\text{mV}$ 的峰-峰值，使输出电压 u_0 足够大但不失真，用交流毫伏表测出 U_i 的有效值 U_i，并用示波器观察输出波形，填入表 4-4 中。然后保持输入信号不变，分别增大和减小 R_W，使波形出现失真，记录下 I_c 的值，绘出 u_{o1} 的波形，并用直流电压表测出失真情况下的 U_{CE} 值，记入表 4-4 中。

表 4-4　测量静态工作点对输出波形失真的影响（$R_{C1}=2.4\text{k}\Omega$，$R_{L1}=\infty$，$U_i=\underline{}$）

I_c/mA	U_{CE}/V	u_{o1} 波形	失真情况	管子工作状态
2.0				

5. 测量输入电阻和输出电阻

置 $R_{C1}=2.4\text{k}\Omega$，$R_{L1}=2.4\text{k}\Omega$，$I_c=2.0\text{mA}$。输入 $f=1\text{kHz}$ 的正弦信号，使 $u_s=100\text{mV}$ 的峰-峰值，在输出电压 U_{o1} 不失真的情况下，用交流毫伏表测出有效值 U_s、U_i 和 U_L（U_L 表示接了负载电阻时的输出电压），记入表 4-5。

保持 U_s 不变，断开 R_{L1}，测量输出电压 U_{01}（U_{01} 表示负载开路时的输出电压），记入表 4-5。

表 4-5　测量输入电阻和输出电阻表（I_c＝2mA，R_{c1}＝2.4kΩ，R_{L1}＝2.4kΩ）

U_s/mv	U_i/mv	R_i/kΩ	U_L/V	U_{01}/V	R_0/kΩ

6. 测量幅频特性曲线

取 I_c = 2.0mA，R_{c1} = 2.4kΩ，R_{L1} = 2.4kΩ。保持输入信号 u_i 的幅度为 100mV 的峰-峰值不变，先用交流毫伏表测出 u_i 的有效值 U_i，再改变信号源频率 f，逐点测出相应的输出电压 U_{01}，记入表 4-6。

表 4-6　测量幅频特性曲线表（U_i＝＿＿＿＿＿＿）

f/kHz	0.01	0.1	0.5	1	2	3	5	10	50	100
U_0/V										
$A_v = U_0/U_i$										

五、实验总结及实验报告要求

① 列表整理测量结果，并把实测的静态工作点、电压放大倍数、输入电阻、输出电阻之值与理论计算值比较，分析产生误差原因。

② 总结 R_c、R_L 及静态工作点对放大器电压放大倍数、输入电阻、输出电阻的影响。

③ 讨论静态工作点变化对放大器输出波形的影响。

④ 根据测量结果绘出幅频特性曲线图。

4.2　射极跟随器

一、实验目的

① 掌握射极跟随器的特性及测试方法。

② 进一步学习放大器各项参数如电压放大倍数、输入电阻、输出电阻及幅频特性曲线的测试方法。

二、实验原理

射极跟随器的原理图如图 4-4 所示。它是一个串联电压负反馈放大电路，具有输入电阻高，输出电阻低，电压放大倍数接近于 1 但是恒小于 1，输出电压能够在较大范围内跟随输入电压作线性变化以及输入、输出信号同相等特点。

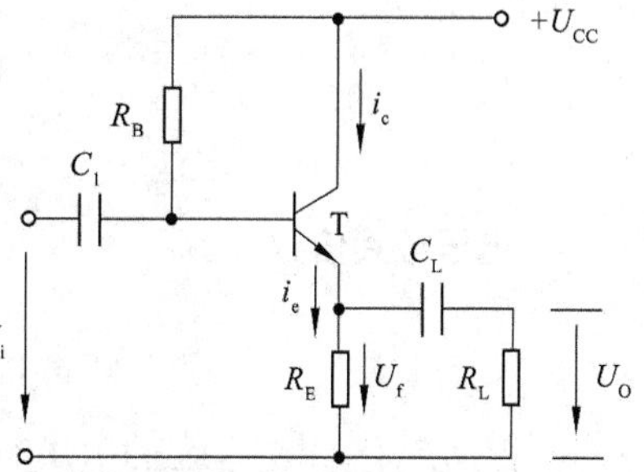

射极跟随器的输出取自发射极，故称其为射极输出器。

图 4-4　射极跟随器

1. 输入电阻 R_i

$$R_i = R_B /\!/ [r_{be} + (1 + \beta)(R_E /\!/ R_L)]$$

由上式可知射极跟随器的输入电阻 R_i 比共射极单管放大器的输入电阻 $R_i = R_B /\!/ r_{be}$ 要高得多，但由于偏置电阻 R_B 的分流作用，输入电阻难以进一步提高。

输入电阻的测试方法同单管放大器，实验电路如图 4-5 所示。

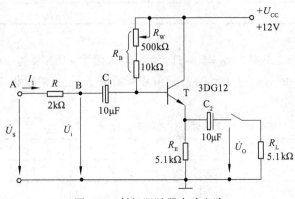

图 4-5 射极跟随器实验电路

$$R_i = \frac{U_i}{I_i} = \frac{U_i}{\dfrac{U_R}{R}} = \frac{U_i}{U_S - U_i} R$$

即只要测得 A、B 两点的对地电位即可计算出 R_i。

2. 输出电阻 R_o

$$R_o = \frac{r_{be} + (R_S /\!/ R_B)}{\beta} /\!/ R_E \approx \frac{r_{be} + (R_S /\!/ R_B)}{\beta}$$

由上式可知射极跟随器的输出电阻 R_o 比共射极单管放大器的输出电阻 $R_o \approx R_C$ 低得多。三极管的 β 愈高，输出电阻愈小。

输出电阻 R_o 的测试方法亦同单管放大器，即先测出空载输出电压 U_o，再测接入负载 R_L 后的输出电压 U_L，根据

$$U_L = \frac{R_L}{R_o + R_L} U_o$$

即可求出 R_o

$$R_o = \left(\frac{U_o}{U_L} - 1\right) R_L$$

3. 电压放大倍数

$$A_V = \frac{(1+\beta)(R_E /\!/ R_L)}{r_{re} + (1+\beta)(R_E /\!/ R_L)} \leqslant 1$$

上式说明射极跟随器的电压放大倍数小于 1 但接近于 1，且为正值。这是深度电压负反馈的结果。但它的射极电流仍比基极电流大 $(1 + \beta)$ 倍，所以它具有一定的电流和功率放大作用。

4. 电压跟随范围

电压跟随范围是指射极跟随器输出电压 u_o 跟随输入电压 u_i 作线性变化的区域。当 u_i 超过一定

范围时，u_o 便不能跟随 u_i 作线性变化，即 u_o 波形产生了失真。为了使输出电压 u_o 正、负半周对称，并充分利用电压跟随范围，静态工作点应选在交流负载线中点，测量时可直接用示波器读取 u_o 的峰-峰值，即电压跟随范围；或用交流毫伏表读取 u_o 的有效值，则电压跟随范围

$$U_{\text{OP-P}} = 2\sqrt{2}\,U_o$$

三、实验设备与器件

① +12V 直流电源；

② 函数信号发生器；

③ 双踪示波器；

④ 交流毫伏表；

⑤ 直流电压表；

⑥ 频率计；

⑦ 3DG12×1 ($\beta = 50\sim100$) 或 9013；

⑧ 电阻器、电容器若干。

四、实验内容

按图 4-5 组接电路。

1. 静态工作点的调整

接通 +12V 直流电源，在 B 点加入 $f = 1\text{kHz}$ 正弦信号 $u_i = 0\text{V}$，调整 R_W 使晶体管的发射极电位 U_E 为 5V，用直流电压表测量晶体管基极和集电极电位，计算 I_E，将测得的数据记入表 4-7。

表 4-7　测量静态工作点表

U_E/V	U_B/V	U_C/V	I_E/mA
5V			

在下面整个测试过程中应保持 R_W 值不变（即保持静工作点不变）。

2. 测量电压放大倍数 A_V

接入负载 $R_L = 1\text{k}\Omega$，在 B 点加 $f = 1\text{kHz}$ 正弦信号 $u_i\,(v_{\text{p-p}}) = 1\text{V}$，用示波器观察输出波形 u_o，在输出不失真情况下，用交流毫伏表测得有效值 U_i、U_L 值，计算电压放大倍数 A_V，记入表 4-8。

表 4-8　测量电压放大倍数表

U_i/V	U_L/V	A_V

3. 测量输出电阻 R_0

接上负载 $R_L = 1\text{k}\Omega$，在 B 点加 $f = 1\text{kHz}$ 正弦信号 $u_i\,(v_{\text{p-p}}) = 1\text{V}$，用示波器监视输出波形，在输出不失真情况下，测接上负载时的输出电压 U_L，再去掉负载电阻，测空载时的输出电压 U_o，计算出输出电阻 R_o，记入表 4-9。

表 4-9　测量输出电阻表

U_o/V	U_L/V	R_o/kΩ

4. 测量输入电阻 R_i

去掉负载电阻 R_L，在 A 点加 $f=1kHz$ 的正弦信号 $u_{S(v_{p-p})}=1V$，用示波器监视输出波形，在输出不失真情况下，用交流毫伏表分别测出 A、B 点 U_S、U_i，计算出输入电阻 R_i，记入表 4–10。

表 4-10　测量输入电阻表

U_S/V	U_i/V	R_i/kΩ

5. 测试跟随特性

接入负载 $R_L=1k\Omega$，在 B 点加入 $f=1kHz$ 正弦信号 u_i，逐渐增大信号 u_i 幅度，用示波器监视输出波形，测量对应的 U_i、U_L 值，计算放大倍数 A_v，记入表 4–11。

表 4-11　测量跟随特性表

u_i (v_{p-p})	100mV	200mV	500mV	1V	1.5V	2V
U_i/V						
U_L/V						
A_v						

6. 测试频率响应特性

接入负载 $R_L=1k\Omega$，保持输入信号 u_i 峰–峰值为 1V 不变，改变信号源频率，用示波器监视输出波形，用交流毫伏表测量不同频率下的输出电压 U_L 值，记入表 4–12。

表 4-12　测量频率响应特性表

f/kHz	0.01	0.1	0.5	1	2	5	10	100	500	1000
U_L/V										

五、实验总结及实验报告要求

① 整理实验数据，并画出曲线 $U_L=f(U_i)$ 及 $U_L=f(f)$ 曲线。

② 分析射极跟随器的性能和特点。

4.3　差动放大器

一、实验目的

① 加深对差动放大器性能及特点的理解。

② 学习差动放大器主要性能指标的测试方法。

二、实验原理

图 4-6 是差动放大器的基本结构。它由两个元件参数相同的基本共射放大电路组成。当开关 K 拨向左边时，构成典型的差动放大器。调零电位器 R_P 用来调节 T_1、T_2 管的静态工作点，使得输入信号 $U_i=0$ 时，双端输出电压 $U_o=0$。R_E 为两管共用的发射极电阻，它对差模信号无负反馈作用，因而不影响差模电压放大倍数，但对共模信号有较强的负反馈作用，故可以有效地抑制零漂，稳定静态工作点。

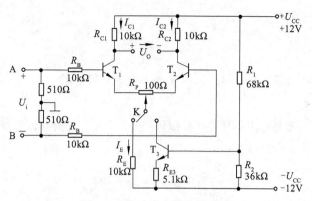

图 4-6 差动放大器实验电路

当开关 K 拨向右边时，构成具有恒流源的差动放大器。它用晶体管恒流源代替发射极电阻 R_E，可以进一步提高差动放大器抑制共模信号的能力。

1．静态工作点的估算

典型电路

$$I_E \approx \frac{|U_{EE}| - U_{BE}}{R_E} \qquad\qquad （认为 U_{B1} = U_{B2} \approx 0）$$

$$I_{C1} = I_{C2} = \frac{1}{2} I_E$$

恒流源电路

$$I_{C3} \approx I_{E3} \approx \frac{\dfrac{R_2}{R_1 + R_2}(U_{CC} + |U_{EE}|) - U_{BE}}{R_{E3}}$$

$$I_{C1} = I_{C2} = \frac{1}{2} I_{C3}$$

2．差模电压放大倍数和共模电压放大倍数

当差动放大器的射极电阻 R_E 足够大，或采用恒流源电路时，差模电压放大倍数 A_d 由输出端方式决定，而与输入方式无关。

双端输出：$R_E = \infty$，R_P 在中心位置时

$$A_d = \frac{\Delta U_O}{\Delta U_i} = -\frac{\beta R_C}{R_B + r_{be} + \frac{1}{2}(1 + \beta)R_P}$$

单端输出

$$A_{d1} = \frac{\Delta U_{C1}}{\Delta U_i} = \frac{1}{2} A_d \qquad\qquad A_{d2} = \frac{\Delta U_{C2}}{\Delta U_i} = -\frac{1}{2} A_d$$

当输入共模信号时，若为单端输出，则有

$$A_{C1} = A_{C2} = \frac{\Delta U_{C1}}{\Delta U_i} = \frac{-\beta R_C}{R_B + r_{be} + (1 + \beta)(\frac{1}{2} R_P + 2 R_E)} \approx -\frac{R_C}{2 R_E}$$

若为双端输出，在理想情况下

$$A_C = \frac{\Delta U_o}{\Delta U_i} = 0$$

实际上由于元件不可能完全对称，因此 A_c 也不会绝对等于零。

3. 共模抑制比 K_{CMRR}

为了表征差动放大器对有用信号（差模信号）的放大作用和对共模信号的抑制能力，通常用一个综合指标来衡量，即共模抑制比

$$K_{CMRR} = \left|\frac{A_d}{A_c}\right| \quad \text{或} \quad K_{CMRR} = 20\lg\left|\frac{A_d}{A_c}\right|(\text{dB})$$

差动放大器的输入信号可采用直流信号也可采用交流信号。本实验由函数信号发生器提供频率 $f = 1\text{kHz}$ 的正弦信号作为输入信号。

三、实验设备与器件

① ±12V 直流电源；

② 函数信号发生器；

③ 双踪示波器；

④ 交流毫伏表；

⑤ 直流电压表；

⑥ 电阻器、电容器若干；

⑦ 晶体三极管 3DG6×3，要求 T_1、T_2 管特性参数一致（或 9011×3）。

四、实验内容

1. 典型差动放大电路性能测试

按图 4-6 连接实验电路，开关 K 拨向左边构成典型差动放大电路。

（1）测量静态工作点

① 调节放大电路零点。

信号源不接入。将差动放大电路输入端 A、B 均与地短接，接通 ±12V 直流电源，用直流电压表测量输出电压 U_o，调节调零电位器 R_P，使 $U_o = 0$。调节要仔细，力求准确。调零完成后，在本次实验中应保持电位器 R_P 不动，避免静态工作点发生变化。

② 测量静态工作点。

零点调好以后，用直流电压表测量 T_1、T_2 管各电极电位及射极电阻 R_E 两端电压 U_{RE}，记入表 4-13。

表 4-13 测量静态工作点表

测量值	U_{C1}/V	U_{B1}/V	U_{E1}/V	U_{C2}/V	U_{B2}/V	U_{E2}/V	U_{RE}/V
计算值	I_C/mA			$I_b/\mu A$			U_{CE}/V

（2）测量差模电压放大倍数

断开直流电源，将函数信号发生器的输出端接差动放大电路的输入 A 端，函数信号发生器的地端接差动放大电路的输入 B 端构成单端输入方式，调节输入信号为频率 $f = 1\text{kHz}$，幅度 u_i 为 100mV 峰-峰值的正弦信号，用示波器监视输出端（集电极 C_1 或 C_2 与地之间）。

接通 ±12V 直流电源，在输出波形无失真的情况下，用交流毫伏表测有效值 U_i，U_{C1}，U_{C2}，计算出 U_o 的值及放大倍数，记入表 4-14 中，并观察 u_i，u_{C1}，u_{C2} 之间的相位关系。

（3）测量共模电压放大倍数

将差动放大电路输入端 A、B 短接，并将函数信号发生器接 A 端与差动放大电路的地端之间，构成共模输入方式，调节函数信号发生器的信号为频率 $f = 1\text{kHz}$，幅值 $u_i = 1\text{V}$ 的峰-峰值，在输出电压无失真的情况下，用交流毫伏表测有效值 U_i，U_{C1}，U_{C2}，计算出 U_o 的值、放大倍数及共模抑制比，记入表 4-14，并观察 u_i，u_{C1}，u_{C2} 之间的相位关系。

表 4-14 测量电压放大倍数表

	典型差动放大电路		具有恒流源差动放大电路	
	单 端 输 入	共 模 输 入	单 端 输 入	共 模 输 入
u_i (v_{p-p})	100mV	1V	100mV	1V
U_i				
U_{C1}/V				
U_{C2}/V				
U_o/V				
$A_{d1} = \dfrac{U_{C1}}{U_i}$				
$A_d = \dfrac{U_0}{U_i}$				
$A_{C1} = \dfrac{U_{C1}}{U_i}$				
$A_C = \dfrac{U_0}{U_i}$				
$K_{CMRR} = \left\lvert \dfrac{A_d}{A_C} \right\rvert$				

2. 具有恒流源的差动放大电路性能测试

将图 4-6 电路中开关 K 拨向右边，构成具有恒流源的差动放大电路。重复内容（1）、（2）、（3），记入表 4-14。

五、实验总结及实验报告要求

① 整理实验数据，列表比较实验结果和理论估算值，分析误差原因。

a. 静态工作点和差模电压放大倍数。

b. 典型差动放大电路单端输出时的 K_{CMRR} 实测值与理论值比较

c. 典型差动放大电路单端输出时 K_{CMRR} 的实测值与具有恒流源的差动放大器 K_{CMRR} 实测值比较。

② 比较 u_i，u_{C1} 和 u_{C2} 之间的相位关系。

③ 根据实验结果，总结电阻 R_E 和恒流源的作用。

4.4　集成运算放大器的基本应用

一、实验目的

① 研究由集成运算放大器组成的比例、加法、减法和积分等基本运算电路的功能。

② 了解运算放大器在实际应用时应考虑的一些问题。

二、实验原理

1. 反相比例运算电路

电路如图 4-7 所示。对于理想运放，该电路的输出电压与输入电压之间的关系为

$$U_o = -\frac{R_F}{R_1}U_i$$

电路中 $R_2 = R_1 // R_F$。

2. 反相加法电路

电路如图 4-8 所示，输出电压与输入电压之间的关系为

$$U_o = -(\frac{R_F}{R_1}U_{i1} + \frac{R_F}{R_2}U_{i2})$$

电路中，$R_3 = R_1 // R_2 // R_F$

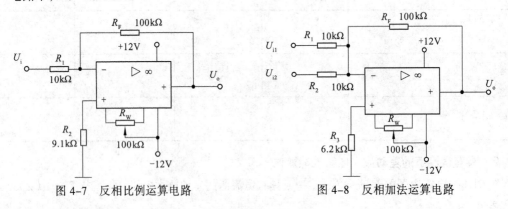

图 4-7　反相比例运算电路　　　　图 4-8　反相加法运算电路

3. 同相比例运算电路

如图 4-9（a）是同相比例运算电路，其输出电压与输入电压之间的关系为

$$U_o = (1 + \frac{R_F}{R_1})U_i$$

电路中，$R_2 = R_1 / R_F$

当 $R_1 \to \infty$ 时，$U_o = U_i$，即得到如图 4-9（b）所示的电压跟随器。

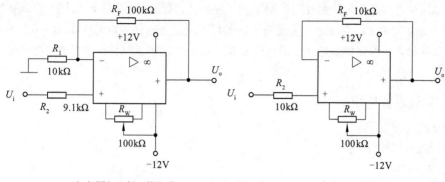

（a）同相比例运算电路　　　　　（b）电压跟随器

图 4-9　同相比例运算电路

4. 差动放大电路（减法器）

对于图 4-10 所示的减法运算电路，当 $R_1 = R_2$，$R_3 = R_F$ 时，有如下关系式：

$$U_o = \frac{R_F}{R_1}(U_{i2} - U_{i1})$$

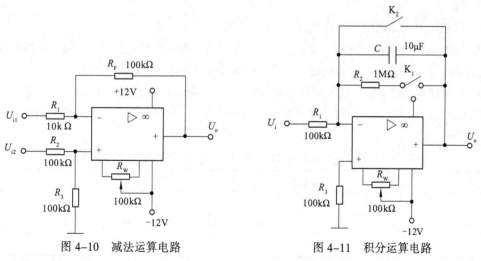

图 4-10　减法运算电路　　　　　图 4-11　积分运算电路

5. 积分运算电路

反相积分电路如图 4-11 所示。在理想化条件下，输出电压 u_o 等于

$$u_o(t) = -\frac{1}{R_1 C}\int_0^t u_i \mathrm{d}t + u_C(0)$$

式中 $u_C(0)$ 是 $t = 0$ 时刻电容 C 两端的电压值，即初始值。

如果 $u_i(t)$ 是幅值为 E 的阶跃电压，并设 $u_C(0) = 0$，则

$$u_o(t) = -\frac{1}{R_1 C}\int_0^t E \mathrm{d}t = -\frac{E}{R_1 C}t$$

即输出电压 $u_o(t)$ 随时间增长而线性下降。显然 $R'C$ 的数值越大，达到给定的 U_o 值所需的时间就越长。积分输出电压所能达到的最大值受集成运放最大输出范围的限值。

在进行积分运算之前，首先应对运放调零。为了便于调节，将图中 K_1 闭合，即通过电阻 R_2 的负反馈作用帮助实现调零。但在完成调零后，应将 K_1 打开，以免因 R_2 的接入造成积分误差。K_2 的设置一方面为积分电容放电提供通路，同时可实现积分电容初始电压 $u_c(0)=0$，另一方面，可控制积分起始点，即在加入信号 u_i 后，只要 K_2 一打开，电容就将被恒流充电，电路也就开始进行积分运算。

三、实验设备与器件

① ±12V 直流电源；

② 函数信号发生器；

③ 交流毫伏表；

④ 直流电压表；

⑤ 集成运算放大器 μA741×1；

⑥ 电阻器、电容器若干。

四、实验内容

实验前要看清运放组件各管脚的位置；切忌正、负电源极性接反和输出端短路，否则将会损坏集成块。

1. 反相比例运算电路

① 按图 4-7 连接实验电路，接通 ±12V 电源，先不接入信号源，将集成运算电路的输入端 u_i 对地短路，采用直流电压表接输出，调整电位器使输出为零进行调零和消振。

② 将集成运算电路输入端 u_i 对地短路的导线去掉，输入频率 $f=100Hz$，幅度 $u_i=500mV$ 峰-峰值的正弦交流信号，用交流毫伏表测量相应的有效值 U_i、U_o，并用示波器观察 u_o 和 u_i 的相位关系，记入表 4-15。

表 4-15　测量反向比例运算电路表（$u_i(v_{p-p})=500mV$，$f=100Hz$）

U_i/V	U_0/V	u_i波形	u_o波形	A_v	
				实测值	理论值

2. 同相比例运算电路

① 按图 4-9（a）连接实验电路。实验步骤同内容 1，将结果记入表 4-16。

② 将图 4-9（a）中的 R_1 断开改接得图 4-9（b）电路，重复内容 1），将结果记入表 4-16。

表 4-16　测量同相比例运算电路表（$u_i(v_{p-p})=500mV$，$f=100Hz$）

U_i/V	U_0/V	u_i波形	u_o波形	A_v	
				实测值	理论值

U_i/V	U_0/V	u_i 波形	u_o 波形	A_V	
				实测值	理论值

3. 反相加法运算电路

① 按图 4-8 连接实验电路。按内容 1 的①进行调零和消振。

② 调整函数信号发生器,使其输出为频率 $f = 100\text{Hz}$,幅度 $u_i = 500\text{mV}$ 峰–峰值的正弦交流信号,接入 u_{i1}。将集成运算放大电路的 u_{i2} 端接地,用交流毫伏表测量相应的有效值 U_{i1} 及 U_o,记入表 4-17。

③ 将函数信号发生器的信号输入 u_{i2},将集成运算放大电路的 u_{i1} 端接地,用交流毫伏表测量相应的有效值 U_{i2} 及 U_o,记入表 4-17。

④ 将函数信号发生器的信号同时输入 u_{i1} 和 u_{i2},用交流毫伏表测量相应的有效值 U_{i1},U_{i2} 及 U_o,记入表 4-17。

表 4-17　测量反相加法运算电路表

U_{i1}/V			
U_{i2}/V			
U_o/V			

4. 减法运算电路

① 按图 4-10 连接实验电路。先进行调零和消振。

② 调整函数信号发生器使频率 $f = 100\text{Hz}$,幅度 $u_i = 500\text{mV}$ 峰–峰值,实验步骤同内容 3,记入表 4-18。

表 4-18　测量减法运算电路表

U_{i1}/V			
U_{i2}/V			
U_o/V			

5. 积分运算电路

实验电路如图 4-11 所示。

① 打开 K_2,闭合 K_1,对运放输出进行调零。

② 调零完成后,再打开 K_1,闭合 K_2,使 $u_C(0) = 0$。

③ 预先调好直流输入电压 $U_i = 0.5\text{V}$,接入实验电路,再打开 K_2,然后用直流电压表测量输出电压 U_o,每隔 5s 读一次 U_o,记入表 4-19,直到 U_o 不继续明显增大为止。

表 4-19　测量积分运算电路表

t/s	0	5	10	15	20	25	30	…
U_o/V								

五、实验总结及实验报告要求

① 整理实验数据，画出波形图（注意波形间的相位关系）。

② 将理论计算结果和实测数据相比较，分析产生误差的原因。

③ 分析讨论实验中出现的现象和问题。

4.5　负反馈放大电路

一、实验目的

① 加深理解放大电路中引入负反馈的方法。

② 理解负反馈对放大器各项性能指标的影响。

二、实验原理

负反馈在电子电路中有着非常广泛的应用，虽然它使放大器的放大倍数降低，但能在多方面改善放大器的动态指标，如稳定放大倍数，改变输入、输出电阻，减小非线性失真和展宽通频带等。因此，几乎所有的实用放大器都带有负反馈。

负反馈放大器有四种组态，即电压串联，电压并联，电流串联，电流并联。本实验以电压串联负反馈为例，分析负反馈对放大器各项性能指标的影响。

图 4-12 所示为带有负反馈的两级阻容耦合放大电路，在电路中通过 R_f 把输出电压 u_o 引回到输入端，加在晶体管 T_1 的发射极上，在发射极电阻 R_{F1} 上形成反馈电压 u_f。根据反馈的判断法可知，它属于电压串联负反馈。

主要性能指标如下

（1）闭环电压放大倍数

$$A_{vf} = \frac{A_v}{1 + A_v F_v}$$

其中，$A_v = U_o/U_i$ ——基本放大电路（无反馈）的电压放大倍数，即开环电压放大倍数。

（$1 + A_v F_v$）表示反馈深度，它的大小决定了负反馈对放大器性能改善的程度。

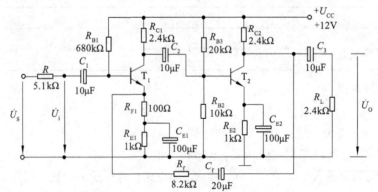

图 4-12　带有电压串联负反馈的两级阻容耦合放大器

（2）反馈系数

$$F_v = \frac{R_{F1}}{R_f + R_{F1}}$$

（3）输入电阻

$$R_{if} = (1 + A_V F_V)R_i$$

其中，R_i——基本放大电路的输入电阻

（4）输出电阻

$$R_{of} = \frac{R_o}{1 + A_{vo}F_V}$$

其中，R_o——基本放大电路的输出电阻

A_{vo}——基本放大电路 $R_L = \infty$ 时的电压放大倍数

三、实验设备与器件

① +12V 直流电源；

② 函数信号发生器；

③ 双踪示波器；

④ 频率计；

⑤ 交流毫伏表；

⑥ 直流电压表；

⑦ 晶体三极管 3DG6×2（$\beta = 50\sim100$）或 9011×2；

⑧ 电阻器、电容器若干。

四、实验内容

1. 测量静态工作点

按图 4-12 连接实验电路，取 $U_{CC} = +12V$，$u_i = 0$，将第一级的集电极电流 I_C 调到 2mA，第二级的 U_B 调到 3V，再用直流电压表分别测量第一级、第二级的静态工作点，记入表 4-20。

表 4-20　测量静态工作点表

	U_B/V	U_E/V	U_C/V	I_C/mA
第一级				2mA
第二级	3V			

2. 测试基本放大电路及负反馈放大电路的各项性能指标

（1）测量中频电压放大倍数 A_V、输入电阻 R_i 和输出电阻 R_o。

① 将负反馈电阻 R_f 断开，组成基本放大电路。

② 以 $f = 1$kHz，$u_{S(v_{p-p})}$ 为 40mV 的正弦信号输入放大电路，用示波器监视输出波形 u_o，在 u_o 不失真的情况下，用交流毫伏表测量有效值 U_S、U_i、U_o，记入表 4-21。

表 4-21　测试放大电路各项性能指标表

基本放大器	U_S/mV	U_i/mV	U_I/V	U_O/V	A_V	R_i/kΩ	R_o/kΩ
负反馈放大器	U_S/mV	U_i/mV	U_I/	U_O/V	A_{Vf}	R_{if}/kΩ	R_{of}/kΩ

③ 保持 u_S 不变，接入负载电阻 R_L，测量此时的输出电压 U_L，记入表 4-21。

④ 将负反馈电阻 R_f 的开关合上，组成负反馈放大电路。

⑤ 重复第②步和第③步的步骤，将数据记入表 4-21。

（2）测量通频带

接上 R_L，保持（1）中的 u_S 不变，然后增加和减小输入信号的频率，分别用交流毫伏表测量无负反馈和有负反馈时的输出电压记入 U_L，记入表 4-22 中。

表 4-22　测量通频带表（U_S=_____）

基本放大器	f/kHz	0.01	0.1	0.5	1	2	10	100	500	1000
	U_L									
负反馈放大器	f/kHz									
	U_L									

3．观察负反馈对非线性失真的改善

① 将实验电路断开负反馈，改接成基本放大电路的形式，在放大电路输入端 u_S 加入 f = 1kHz 的正弦信号，输出端接示波器，逐渐增大输入信号的幅度，使输出波形开始出现失真，将此时的波形记入表 4-23。

② 再将实验电路改接成负反馈放大器形式，加入与（1）相同的输入信号，比较有负反馈时，输出波形的变化。

表 4-23　测试负反馈对非线性失真的改善表

U_i/V	无负反馈时 u_0 输出波形	有负反馈时 u_0 输出波形
	O ———— t	O ———— t

五、实验总结及实验报告要求

① 将基本放大器和负反馈放大器动态参数的实测值和理论估算值列表进行比较。

② 根据实验结果，总结电压串联负反馈对放大器性能的影响。

4.6　直流稳压电源

一、实验目的

① 研究单相桥式整流、电容滤波电路的特性。

② 掌握串联型晶体管稳压电源主要技术指标的测试方法。

二、实验原理

电子设备一般都需要直流电源供电。这些直流电除了少数直接利用干电池和直流发电机外，大多数是采用把交流电（市电）转变为直流电的直流稳压电源。

图 4-13 所示为由分立元件组成的串联型稳压电源的电路图。其整流部分为单相桥式整流、电容滤波电路。稳压部分为串联型稳压电路，它由调整元件（晶体管 T_1）；比较放大器 T_2、R_7；

取样电路 R_1、R_2、R_W；基准电压 D_W、R_3 和过流保护电路 T_3 管以及电阻 R_4、R_5、R_6 等组成。整个稳压电路是一个具有电压串联负反馈的闭环系统，其稳压过程为：当电网电压波动或负载变动引起输出直流电压发生变化时，取样电路取出输出电压的一部分送入比较放大器，并与基准电压进行比较，产生的误差信号经 T_2 放大后送至调整管 T_1 的基极，使调整管改变其管压降，以补偿输出电压的变化，从而达到稳定输出电压的目的。

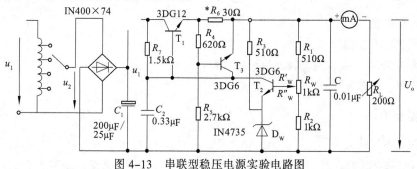

图 4-13 串联型稳压电源实验电路图

由于在稳压电路中，调整管与负载串联，因此流过它的电流与负载电流一样大。当输出电流过大或发生短路时，调整管会因电流过大或电压过高而损坏，所以需要对调整管加以保护。在图 4-13 电路中，晶体管 T_3 和 R_4、R_5、R_6 组成减流型保护电路。此电路设计在 $I_{op} = 1.2I_o$ 时开始起保护作用，此时输出电流减小，输出电压降低。故障排除后电路应能自动恢复正常工作。在调试时，若保护提前作用，应减少 R_6 值；若保护作用迟后，则应增大 R_6 之值。

稳压电源的主要性能指标：

1. 输出电压 U_o 和输出电压调节范围

$$U_o = \frac{R_1 + R_W + R_2}{R_2 + R_W{''}}(U_Z + U_{BE2})$$

调节 R_W 可以改变输出电压 U_o。

2. 最大负载电流 I_{om}

3. 输出电阻 R_o

输出电阻 R_o 定义为：当输入电压 U_i（指稳压电路输入电压）保持不变，由于负载变化而引起的输出电压变化量与输出电流变化量之比，即

$$R_o = \frac{\Delta U_o}{\Delta I_o}\bigg|\; U_i = 常数$$

4. 稳压系数 S （电压调整率）

稳压系数定义：当负载保持不变，输出电压相对变化量与输入电压相对变化量之比，即

$$S = \frac{\Delta U_o / U_o}{\Delta U_i / U_i}\bigg|\; R_L = 常数$$

由于工程上常把电网电压波动 $\pm 10\%$ 做为极限条件，因此也有将此时输出电压的相对变化 $\Delta U_o / U_o$ 做为衡量指标，称为电压调整率。

5. 纹波电压

输出纹波电压是指在额定负载条件下，输出电压中所含交流分量的有效值（或峰值）。

三、实验设备与器件

① 可调工频电源；

② 双踪示波器；

③ 交流毫伏表；

④ 直流电压表；

⑤ 直流毫安表；

⑥ 滑线变阻器 200Ω/1A；

⑦ 晶体三极管 ，晶体二极管，稳压管 IN4735×1；

⑧ 电阻器、电容器若干。

四、实验内容

1. 整流滤波电路测试

按图 4-14 连接实验电路。取可调工频电源电压为 10V，作为整流电路输入电压 u_2。

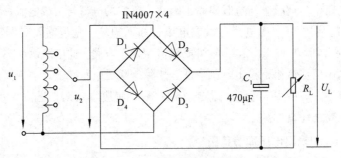

图 4-14　整流滤波电路图

① 取 $R_L=240\Omega$，不加滤波电容，用直流电压表测量直流输出电压 U_L，再用交流毫伏表测量纹波电压 $\tilde{U}_L$，并用示波器观察 u_2 和 u_L 波形，记入表 4-24。

② 取 $R_L=240\Omega$，$C=470\mu F$，重复内容①的要求，记入表 4-24。

③ 取 $R_L=120\Omega$，$C=470\mu F$，重复内容①的要求，记入表 4-24。

表 4-24　整流滤波电路测试表（$U_2=10V$）

电路形式		U_L（V）	$\tilde{U}_L$（V）	u_L波形
$R_L=240\Omega$				
$R_L=240\Omega$ $C=470\mu f$				
$R_L=120\Omega$ $C=470\mu f$				

注意：

① 每次改接电路时，必须切断工频电源。

② 在观察输出电压 u_L 波形的过程中，"Y 轴灵敏度" 旋钮位置调好以后，不要再变动，否则将无法比较各波形的脉动情况。

2. 串联型稳压电源性能测试

切断工频电源，在图 4-14 基础上按图 4-13 连接实验电路。

（1）初测

稳压器输出端负载开路，断开保护电路，接通 14V 工频电源，测量整流电路输入电压 U_2，滤波电路输出电压 U_i（稳压器输入电压）及输出电压 U_o。调节电位器 R_W，观察 U_o 的大小和变化情况，如果 U_o 能跟随 R_W 线性变化，这说明稳压电路各反馈环路工作基本正常。否则，说明稳压电路有故障，因为稳压器是一个深负反馈的闭环系统，只要环路中任一个环节出现故障（某管截止或饱和），稳压器就会失去自动调节作用。此时可分别检查基准电压 U_Z，输入电压 U_i，输出电压 U_o，以及比较放大器和调整管各极的电位（主要是 U_{BE} 和 U_{CE}），分析其工作状态是否都处在线性区，从而找出不能正常工作的原因。排除故障后可进行下一步测试。

（2）测量输出电压可调范围

接入负载 R_L（滑线变阻器），并调节 R_L，使输出电流 $I_o \approx 100mA$。再调节电位器 R_W，测量输出电压可调范围 $U_{omin} \sim U_{omax}$。且使 R_W 动点在中间位置附近时 $U_o = 12V$。若不满足要求，可适当调整 R_1、R_2 之值。

（3）测量各级静态工作点

调节输出电压 $U_o = 12V$，输出电流 $I_o = 100mA$，测量各级静态工作点，记入表 4-25。

表 4-25 测量各级静态工作点表（$U_2 = 14V$　$U_o = 12V$　$I_o = 100mA$）

	T_1	T_2	T_3
U_B/V			
U_C/V			
U_E/V			

（4）测量稳压系数 S

取 $I_o = 100mA$，按表 4-26 改变整流电路输入电压 U_2（模拟电网电压波动），分别测出相应的稳压器输入电压 U_i 及输出直流电压 U_o，记入表 4-26。

表 4-26 测量稳压系数表（$I_o = 100mA$）

测　试　值			计　算　值
U_2/V	U_i/V	U_o/V	S
10			$S_{12} =$
14		12	
17			$S_{23} =$

（5）测量输出电阻 R_o

取 $U_2 = 14V$，改变滑线变阻器位置，使 I_o 为空载、50mA 和 100mA，测量相应的 U_o 值，记入表 4-27。

表 4-27　测量输出电阻表（$U_2 = 14V$）

测　试　值		计　算　值
I_0/mA	U_0/V	R_o/Ω
空载		$R_{o12} =$
50	12	$R_{o23} =$
100		

（6）测量输出纹波电压

取 $U_2 = 14V$，$U_o = 12V$，$I_o = 100\text{mA}$，测量输出纹波电压 U_o。

（7）调整过流保护电路

① 断开工频电源，接上保护回路，再接通工频电源，调节 R_W 及 R 使 $U_o = 12V$，$I_o = 100\text{mA}$，此时保护电路应不起作用。测出 T_3 管各极电位值。

② 逐渐减小 R_L，使 I_o 增加到 120mA，观察 U_o 是否下降，并测出保护起作用时 T_3 管各极的电位值。若保护作用过早或迟后，可改变 R_6 之值进行调整。

③ 用导线瞬时短接一下输出端，测量 U_o 值，然后去掉导线，检查电路是否能自动恢复正常工作。

五、实验总结及实验报告要求

① 对表 4-24 所测结果进行全面分析，总结桥式整流、电容滤波电路的特点。

② 根据表 4-26 和表 4-27 所测数据，计算稳压电路的稳压系数 S 和输出电阻 R_o，并进行分析。

③ 分析讨论实验中出现的故障及其排除方法。

第 5 章 ┃ 数字电路基础实验

5.1 TTL 集成与非门的逻辑功能测试

一、实验目的

① 掌握 TTL 集成与非门的逻辑功能的测试方法。

② 掌握 TTL 器件的使用规则。

③ 进一步熟悉数字电路实验装置的结构、基本功能和使用方法。

二、实验原理

本实验采用四输入双与非门 74LS20，即在一块集成块内含有两个互相独立的与非门，每个与非门有四个输入端。其符号及引脚排列如图 5–1 所示。

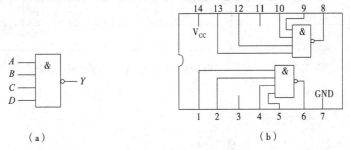

（a）　　　　　　　　　　　　（b）

图 5–1　74LS20 逻辑符号及引脚排列图

1. 与非门的逻辑功能

与非门的逻辑功能是：当输入端中有一个或一个以上是低电平时，输出端为高电平；只有当输入端全部为高电平时，输出端才是低电平（即有 "0" 得 "1"，全 "1" 得 "0"）。

2. 与非门 74LS20 逻辑表达式

$$Y = \overline{ABCD}$$

三、实验设备与器件

① +5V 直流电源；

② 逻辑电平开关；

③ 逻辑电平显示器；

④ 74LS20×2，74LS00，1kΩ、10kΩ电位器，200Ω电阻器（0.5W）。

四、实验内容

在合适的位置选取一个 14P 插座，按定位标记插好 74LS20 集成块。

① 验证 TTL 集成与非门 74LS20 的逻辑功能

按图 5-2 接线，与非门的四个输入端接逻辑开关输出插口，以提供"0"与"1"电平信号，开关向上，输出逻辑"1"，向下为逻辑"0"。门的输出端接由 LED 发光二极管组成的逻辑电平显示器的显示插口，LED亮为逻辑"1"，不亮为逻辑"0"。按表 5-1的真值表逐个测试集成块中两个与非门的逻辑功能。74LS20 有 4 个输入端，有 16 个最小项，通过逐项检测可判断其逻辑功能是否正常。

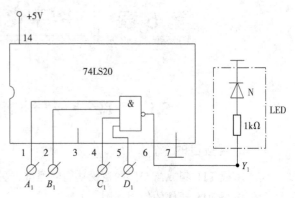

图 5-2　TTL 与非门的逻辑测试图

表 5-1　TTL 与非门的逻辑测试表

输入	A_1	0	1	0	1	0	1	0	1	0	1	0	1	0	1	0	1
	B_1	0	0	1	1	0	0	1	1	0	0	1	1	0	0	1	1
	C_1	0	0	0	0	1	1	1	1	0	0	0	0	1	1	1	1
	D_1	0	0	0	0	0	0	0	0	1	1	1	1	1	1	1	1
输出	Y_1																

② 由 74LS00 分别实现非门、与门、或门的逻辑电路及功能测试，画出逻辑图、列出表达式及真值表。

五、实验总结及实验报告要求

记录、整理实验结果，并对结果进行分析。

六、TTL 集成电路使用规则

① 接插集成块时，要认清定位标记，不得插反。

② 电源电压使用范围为 + 4.5～ + 5.5V 之间，实验中要求使用 V_{CC} = + 5V。电源极性绝对不允许接错。

③ 闲置输入端处理方法：

a. 悬空，相当于正逻辑"1"，对于一般小规模集成电路的数据输入端，实验时允许悬空处理。

b. 直接接电源电压 V_{CC}（也可以串入一只 1～10kΩ 的固定电阻）或接至某一固定电压（ + 2.4 ≤V≤+4.5V）的电源上，或与输入端为接地的多余与非门的输出端相接。

c. 若前级驱动能力允许，可以与使用的输入端并联。

④ 输入端通过电阻接地，电阻值的大小将直接影响电路所处的状态。当 $R≤680Ω$ 时，输入

端相当于逻辑"0";当 $R \geqslant 4.7\text{k}\Omega$ 时,输入端相当于逻辑"1"。对于不同系列的器件,要求的阻值不同。

⑤ 输出端不允许并联使用(集电极开路门(OC)和三态输出门电路(3S)除外)。否则不仅会使电路逻辑功能混乱,还会导致器件损坏。

⑥ 输出端不允许直接接地或直接接 + 5V 电源,否则将损坏器件,有时为了使后级电路获得较高的输出电平,允许输出端通过电阻 R 接至 V_{CC},一般取 $R = 3 \sim 5.1\text{k}\Omega$。

5.2 组合逻辑电路的设计与测试

一、实验目的

掌握组合逻辑电路的设计与测试方法。

二、实验原理

① 使用中、小规模集成电路来设计的组合电路是最常见的逻辑电路。设计组合电路的一般步骤如图 5-3 所示。

根据设计任务的要求建立输入、输出变量,并列出真值表。然后用逻辑代数或卡诺图化简法求出简化的逻辑表达式。并按实际选用逻辑门的类型修改逻辑表达式。根据简化后的逻辑表达式,画出逻辑图,用标准器件构成逻辑电路。最后,用实验来验证设计的正确性。

② 组合逻辑电路设计举例:

用"与非"门设计一个四变量表决电路。当四个输入端中有三个或四个为"1"时,输出端才为"1"。

设计步骤:根据题意列出真值表如表 5-2 所示。

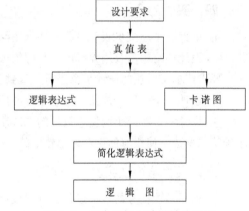

图 5-3 组合逻辑电路设计流程图

表 5-2 四变量表决电路真值表

D	0	0	0	0	0	0	0	0	1	1	1	1	1	1	1	1
A	0	0	0	0	1	1	1	1	0	0	0	0	1	1	1	1
B	0	0	1	1	0	0	1	1	0	0	1	1	0	0	1	1
C	0	1	0	1	0	1	0	1	0	1	0	1	0	1	0	1
Z	0	0	0	0	0	0	0	0	1	0	0	0	1	0	1	1

由真值表得出逻辑表达式并化简,演化成"与非"的形式

$$Z = ABC + BCD + ACD + ABD = \overline{\overline{ABC} \cdot \overline{BCD} \cdot \overline{ACD} \cdot \overline{ABD}}$$

根据逻辑表达式画出用"与非门"构成的逻辑电路如图 5-4 所示。

③ 用实验验证逻辑功能。

在实验装置适当位置选定三个 14P 插座，按照集成块定位标记插好集成块 74LS20。

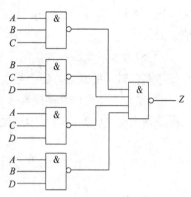

按图 5-4 接线，输入端 A、B、C、D 接至逻辑开关输出插口，输出端 Z 接逻辑电平显示输入插口，按真值表（自拟）要求，逐次改变输入变量，测量相应的输出值，验证逻辑功能，与表 5-2 进行比较，验证所设计的逻辑电路是否符合要求。

图 5-4　四变量表决电路逻辑图

三、实验设备与器件

① ＋5V 直流电源；

② 逻辑电平开关；

③ 逻辑电平显示器；

④ CC4011×2（74LS00）、CC4012×3（74LS20）、CC4030（74LS86）、CC4081（74LS08）、74LS54×2(CC4085)、CC4001（74LS02）。

四、实验内容

① 设计一个三变量表决电路，要求用与非门实现。

② 设计用与非门及用异或门、与门组成的半加器电路。

要求按本文所述的设计步骤进行，直到测试电路逻辑功能符合设计要求为止。

③ 设计一个一位全加器，要求用异或门、与门、或门组成。

④ 设计一个对两个两位无符号的二进制数进行比较的电路；根据第一个数是否大于、等于、小于第二个数，使相应的三个输出端中的一个输出为 "1"，要求用与门、与非门及或非门实现。

五、实验总结及实验报告要求

① 列写实验任务的设计过程，画出设计的电路图。

② 对所设计的电路进行实验测试，记录测试结果。

③ 组合电路设计体会。

5.3　译码器及其应用

一、实验目的

① 掌握中规模集成译码器的逻辑功能和使用方法。

② 熟悉数码管的使用。

二、实验原理

译码器是一个多输入、多输出的组合逻辑电路。它的作用是把给定的代码进行"翻译"，变成相应的状态，使输出通道中相应的一路有信号输出。

译码器可分为通用译码器和显示译码器两大类。前者又分为变量译码器和代码变换译码器。

1. 变量译码器

变量译码器又称二进制译码器,用以表示输入变量的状态,如 2 线–4 线、3 线–8 线和 4 线–16 线译码器。若有 n 个输入变量,则有 2^n 个不同的组合状态,就有 2^n 个输出端供其使用。而每一个输出所代表的函数对应于 n 个输入变量的最小项。

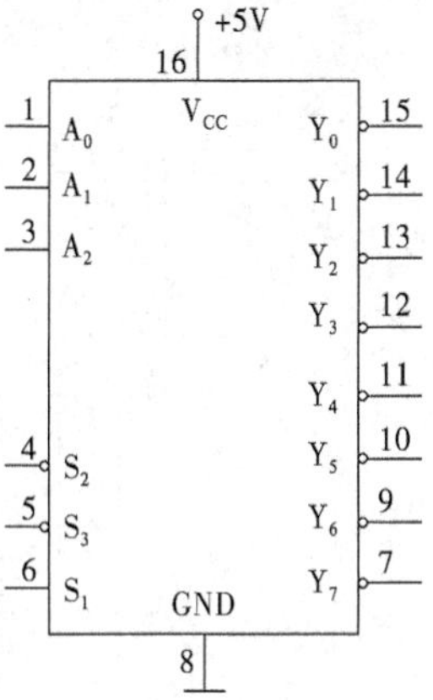

以 3 线 – 8 线译码器 74LS138 为例进行分析,图 5-5 为其引脚排列。其中 A_2、A_1、A_0 为地址输入端,$\overline{Y}_0 \sim \overline{Y}_7$ 为译码输出端,S_1、$\overline{S}_2$、$\overline{S}_3$ 为使能端。

当 $S_1 = 1$,$\overline{S}_2 + \overline{S}_3 = 0$ 时,器件使能,地址码所指定的输出端有信号(为 0)输出,其他所有输出端均无信号(全为 1)输出。当 $S_1 = 0$,$\overline{S}_2 + \overline{S}_3 = X$ 时,或 $S_1 = X$,$\overline{S}_2 + \overline{S}_3 = 1$ 时,译码器被禁止,所有输出同时为 1。

二进制译码器实际上也是负脉冲输出的脉冲分配器。若利用使能端中的一个输入端输入数据信息,器件就成为一个数据分配器(又称多路分配器),如图 5-6 所示。若在 S_1 输入端输入数据信息,$\overline{S}_2 = \overline{S}_3 = 0$,地址码所对应的输出是 S_1 数据信息的反码;若从 $\overline{S}_2$ 端输入数据信息,令 $S_1 = 1$、$\overline{S}_3 = 0$,地址码所对应的输出就是 $\overline{S}_2$ 端数据信息的原码。若数据信息是时钟脉冲,则数据分配器便成为时钟脉冲分配器。

根据输入地址的不同组合译出唯一地址,故可用做地址译码器。接成多路分配器,可将一个信号源的数据信息传输到不同的地点。

二进制译码器还能方便地实现逻辑函数,如图 5-7 所示,实现的逻辑函数是

$$Z = \overline{A}\,\overline{B}\,\overline{C} + \overline{A}\,B\,C + \overline{A}\,B\,\overline{C} + ABC$$

图 5-5　74LS138 引脚排列

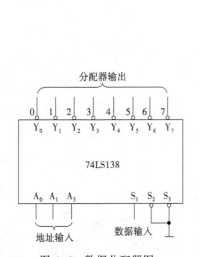

图 5-6　数据分配器图

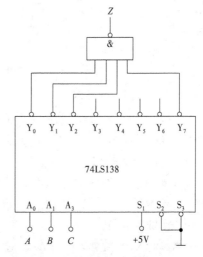

图 5-7　实现逻辑函数图

利用使能端能方便地将两个 3/8 译码器组合成一个 4/16 译码器,如图 5-8 所示。

2. 数码显示译码器

(1)七段发光二极管(LED)数码管

LED 数码管是目前最常用的数字显示系统，图 5-9（a）、（b）为共阴管和共阳管的电路，图 5-9（c）为两种不同形式的引脚功能图。

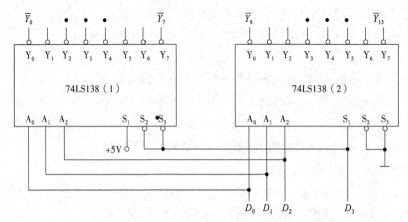

图 5-8   用两片 74LS138 组合成 4/16 译码器图

一个 LED 数码管可用来显示一位 0～9 十进制数和一个小数点。LED 数码管要显示 BCD 码所表示的十进制数字就需要有一个专门的译码器，该译码器不但要完成译码功能，还要有相当的驱动能力。

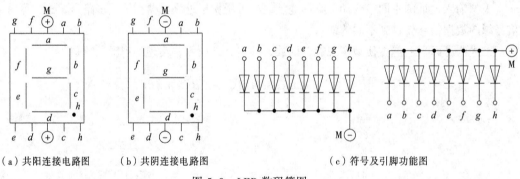

（a）共阳连接电路图   （b）共阴连接电路图   （c）符号及引脚功能图

图 5-9   LED 数码管图

（2）BCD 码七段译码驱动器

此类译码器型号有 74LS47（共阳），74LS48（共阴），CC4511（共阳）等，本实验采用 CC4511 BCD 码锁存/七段译码/驱动器，驱动共阴极 LED 数码管。图 5-10 为 CC4511 引脚排列。

其中，A、B、C、D 为 BCD 码输入端。

a、b、c、d、e、f、g 为译码输出端，输出"1"有效，用来驱动共阴极 LED 数码管。

$\overline{LT}$——测试输入端，$\overline{LT}=0$ 时，译码输出全为"1"

$\overline{BI}$——消隐输入端，$\overline{BI}=0$ 时，译码输出全为"0"

LE——锁定端，LE=1 时译码器处于锁定（保持）状态，译码输出保持在 LE=0 时的数值，LE=0 为正常译码。

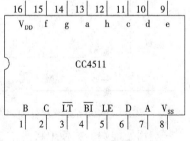

图 5-10   CC4511 引脚排列图

CC4511 内接有上拉电阻，故只需在输出端与数码管之间串入限流电阻即可工作。译码器有拒伪码功能，当输入码超过 1001 时，输出全为"0"，数码管熄灭。

在本数字电路实验装置上已完成了译码器 CC4511 和数码管 BS202 之间的连接。实验时，只要接通+5V 电源和将十进制数的 BCD 码接至译码器的相应输入端 A、B、C、D 即可显示 0～9 的数字。四位数码管可接受四组 BCD 码输入。CC4511 与 LED 数码管的连接如图 5-11 所示。

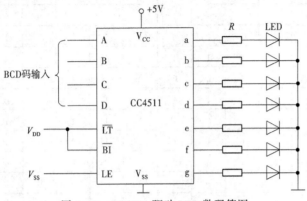

图 5-11　CC4511 驱动 LED 数码管图

三、实验设备与器件

① + 5V 直流电源；
② 双踪示波器；
③ 连续脉冲源；
④ 逻辑电平开关；
⑤ 逻辑电平显示器；
⑥ 拨码开关组；
⑦ 译码显示器；
⑧ 74LS138×2、CC4511。

四、实验内容

① 数据拨码开关的使用。

将实验装置上的四组拨码开关的输出 A_i、B_i、C_i、D_i 分别接至 4 组显示译码／驱动器 CC4511 的对应输入口，LE、$\overline{BI}$、$\overline{LT}$ 接至三个逻辑开关的输出插口，接上+5V 显示器的电源，然后按功能表 5-3 输入的要求按动四个数码的增减键（"+"与"−"键）和操作与 LE、$\overline{BI}$、$\overline{LT}$ 对应的三个逻辑开关，观察 LED 数码管的显示，填入表 5-3，并判断译码显示是否正常工作。

表 5-3　CC4511 功能表

输　　　入							输　　　出							显示字形
LE	$\overline{BI}$	$\overline{LT}$	D	C	B	A	a	b	c	d	e	f	g	
×	×	0	×	×	×	×	1	1	1	1	1	1	1	
×	0	1	×	×	×	×	0	0	0	0	0	0	0	
0	1	1	0	0	0	0	1	1	1	1	1	1	0	
0	1	1	0	0	0	1	0	1	1	0	0	0	0	

续表

输入							输出							显示字形
LE	$\overline{BI}$	$\overline{LT}$	D	C	B	A	a	b	c	d	e	f	g	
0	1	1	0	0	1	0	1	1	0	1	1	0	1	
0	1	1	0	0	1	1	1	1	1	1	0	0	1	
0	1	1	0	1	0	0	0	1	1	0	0	1	1	
0	1	1	0	1	0	1	1	0	1	1	0	1	1	
0	1	1	0	1	1	0	0	0	1	1	1	1	1	
0	1	1	0	1	1	1	1	1	1	0	0	0	0	
0	1	1	1	0	0	0	1	1	1	1	1	1	1	
0	1	1	1	0	0	1	1	1	1	0	0	1	1	
0	1	1	1	0	1	0	0	0	0	0	0	0	0	
0	1	1	1	0	1	1	0	0	0	0	0	0	0	
0	1	1	1	1	0	0	0	0	0	0	0	0	0	
0	1	1	1	1	0	1	0	0	0	0	0	0	0	
0	1	1	1	1	1	0	0	0	0	0	0	0	0	
0	1	1	1	1	1	1	0	0	0	0	0	0	0	
1	1	1	×	×	×	×	锁存							锁存

② 74LS138 译码器逻辑功能测试。

将译码器使能端 S_1、$\overline{S}_2$、$\overline{S}_3$ 及地址端 A_2、A_1、A_0 分别接至逻辑电平开关输出口，八个输出端 $\overline{Y}_7,\cdots,\overline{Y}_0$ 依次连接在逻辑电平显示器的八个输入口上，拨动逻辑电平开关，按表 5-4 逐项测试 74LS138 的逻辑功能。

表 5-4　74LS138 功能表

输入					输出							
S_1	$\overline{S}_2+\overline{S}_3$	A_2	A_1	A_0	$\overline{Y}_0$	$\overline{Y}_1$	$\overline{Y}_2$	$\overline{Y}_3$	$\overline{Y}_4$	$\overline{Y}_5$	$\overline{Y}_6$	$\overline{Y}_7$
1	0	0	0	0								
1	0	0	0	1								
1	0	0	1	0								
1	0	0	1	1								
1	0	1	0	0								
1	0	1	0	1								
1	0	1	1	0								
1	0	1	1	1								
0	×	×	×	×								
×	1	×	×	×								

③ 用 74LS138 构成时序脉冲分配器。

参照图 5-6 和实验原理说明，时钟脉冲 CP 频率约为 10kHz，要求分配器输出端 $\overline{Y}_0,\cdots,\overline{Y}_7$ 的

信号与 CP 输入信号同相。

　　画出分配器的实验电路，用示波器观察和记录在地址端 A_2、A_1、A_0 分别取 $000\sim111$ 共 8 种不同状态时 $\overline{Y}_0, \cdots, \overline{Y}_7$ 端的输出波形，注意输出波形与 CP 输入波形之间的相位关系。

　　④ 用两片 74LS138 组合成一个 4 线−16 线译码器，并进行实验。

五、实验总结及实验报告要求

　　① 画出实验线路，把观察到的波形画在坐标纸上，并标上对应的地址码。

　　② 对实验结果进行分析、讨论。

5.4　数据选择器及其应用

一、实验目的

　　① 掌握中规模集成数据选择器的逻辑功能及使用方法。

　　② 学习使用数据选择器构成组合逻辑电路的方法。

二、实验原理

　　数据选择器又叫"多路开关"。数据选择器在地址码的控制下，从几个数据输入中选择一个并将其送到一个公共的输出端。其功能类似一个多掷开关，如图 5-12 所示，图中有四路数据 $D_0\sim D_3$，通过地址码 A_1、A_0 从四路数据中选中某一路数据送至输出端 Q。

　　数据选择器为目前逻辑设计中应用十分广泛的逻辑部件，有 2 选 1、4 选 1、8 选 1、16 选 1 等类别。

1. 8 选 1 数据选择器 74LS151

　　74LS151 为互补输出的 8 选 1 数据选择器，引脚排列如图 5-13 所示，功能如表 5-5 所示。

　　选择控制端（地址端）为 $A_2\sim A_0$，按二进制译码，从 8 个输入数据 $D_0\sim D_7$ 中，选择一个需要的数据送到输出端 Q，$\overline{S}$ 为使能端，低电平有效。

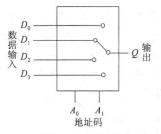
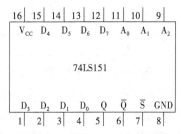

图 5-12　4 选 1 数据选择器示意图　　　　图 5-13　74LS151 引脚排列图

表 5-5　74LS151 功能表

输		入		输	出
$\overline{S}$	A_2	A_1	A_0	Q	$\overline{Q}$
1	×	×	×	0	1
0	0	0	0	D_0	$\overline{D}_0$
0	0	0	1	D_1	$\overline{D}_1$

续表

输		入		输	出
$\overline{S}$	A_2	A_1	A_0	Q	$\overline{Q}$
0	0	1	0	D_2	$\overline{D_2}$
0	0	1	1	D_3	$\overline{D_3}$
0	1	0	0	D_4	$\overline{D_4}$
0	1	0	1	D_5	$\overline{D_5}$
0	1	1	0	D_6	$\overline{D_6}$
0	1	1	1	D_7	$\overline{D_7}$

① 使能端 $\overline{S} = 1$ 时，不论 $A_2 \sim A_0$ 状态如何，均无输出（$Q = 0$，$\overline{Q} = 1$），多路开关被禁止。

② 使能端 $\overline{S} = 0$ 时，多路开关正常工作，根据地址码 A_2、A_1、A_0 的状态选择 $D_0 \sim D_7$ 中某一个通道的数据输送到输出端 Q。

如 $A_2A_1A_0 = 000$，则选择 D_0 数据到输出端，即 $Q=D_0$。

如 $A_2A_1A_0 = 001$，则选择 D_1 数据到输出端，即 $Q=D_1$，其余类推。

2. 双 4 选 1 数据选择器 74LS153

所谓双 4 选 1 数据选择器就是在一块集成芯片上有两个 4 选 1 数据选择器。引脚排列如图 5-14 所示，功能如表 5-6 所示。

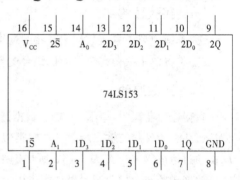

图 5-14　74LS153 引脚功能图

表 5-6　74LS153 功能表

输	入		输出	输	入		输出
$\overline{S}$	A_1	A_0	Q	$\overline{S}$	A_1	A_0	Q
1	×	×	0	0	1	0	D_2
0	0	0	D_0	0	1	1	D_3
0	0	1	D_1				

$1\overline{S}$、$2\overline{S}$ 为两个独立的使能端；A_1、A_0 为公用的地址输入端；$1D_0 \sim 1D_3$ 和 $2D_0 \sim 2D_3$ 分别为两个 4 选 1 数据选择器的数据输入端；Q_1、Q_2 为两个输出端。

① 当使能端 $1\overline{S}$（$2\overline{S}$）= 1 时，多路开关被禁止，无输出，$Q = 0$。

② 当使能端 $1\overline{S}$（$2\overline{S}$）= 0 时，多路开关正常工作，根据地址码 A_1、A_0 的状态，将相应的数据 $D_0 \sim D_3$ 送到输出端 Q。

如 $A_1A_0 = 00$，则选择 D_0 数据到输出端，即 $Q = D_0$。

$A_1A_0 = 01$，则选择 D_1 数据到输出端，即 $Q = D_1$，其余类推。

三．实验设备与器件

① + 5V 直流电源；

② 逻辑电平开关；

③ 逻辑电平显示器；

④ 74LS151（或 CC4512），74LS153（或 CC4539）。

四．实验内容

1. 测试数据选择器 74LS151 的逻辑功能

接图 5-15 接线，地址端 A_2、A_1、A_0、数据端 $D_0 \sim$ D_7、使能端 $\overline{S}$ 接逻辑开关，输出端 Q 接逻辑电平显示器，按 74LS151 功能表逐项进行测试，记录测试结果。

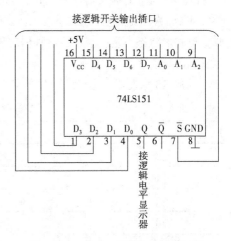

图 5-15　74LS151 逻辑功能测试图

2. 测试 74LS153 的逻辑功能

测试方法及步骤同上，记录结果。

3. 用 8 选 1 数据选择器 74LS151 设计三输入多数表决电路

① 写出设计过程；

② 画出接线图；

③ 验证逻辑功能。

4. 用 8 选 1 数据选择器实现逻辑函数

① 写出设计过程；

② 画出接线图；

③ 验证逻辑功能。

5. 用双 4 选 1 数据选择器 74LS153 实现全加器

① 写出设计过程；

② 画出接线图；

③ 验证逻辑功能。

五、实验总结及实验报告要求

① 用数据选择器对实验内容进行设计、写出设计全过程、画出接线图、进行逻辑功能测试。

② 总结实验收获、体会。

5.5　触发器及其应用

一、实验目的

① 掌握基本 RS、JK、D 和 T 触发器的逻辑功能。

② 掌握集成触发器的逻辑功能及使用方法。

③ 熟悉触发器之间相互转换的方法。

二、实验原理

触发器是具有记忆功能的二进制信息存储器件，是构成时序电路的最基本逻辑单元，具有"1"和"0"两个稳定状态，在一定的外界信号作用下，可从一个稳态翻转到另一个稳态。

1. 基本 RS 触发器

图 5-16 为由两个与非门交叉耦合构成的基本 RS 触发器，它是无时钟控制低电平直接触发的触发器。基本 RS 触发器具有置"0"、置"1"和"保持"三种功能。通常称 $\overline{S}$ 为置"1"端，因为 $\overline{S} = 0$（$\overline{R} = 1$）时触发器被置"1"；$\overline{R}$ 为置"0"端，因为 $\overline{R} = 0$（$\overline{S} = 1$）时触发器被置"0"，当 $\overline{S} = \overline{R} = 1$ 时状态保持；$\overline{S} = \overline{R} = 0$ 时，触发器状态不定，应避免此种情况发生，表 5-7 为基本 RS 触发器的功能表。

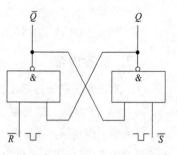

图 5-16　基本 RS 触发器图

基本 RS 触发器。也可以用两个"或非门"组成，此时为高电平触发有效。

表 5-7　基本 RS 触发器功能表

输　　入		输　　出	
S	$\overline{R}$	Q^{n+1}	$\overline{Q}^{n+1}$
0	1	1	0
1	0	0	1
1	1	Q^n	$\overline{Q}^n$
0	0	ϕ	ϕ

2. JK 触发器

本实验采用 74LS112 双 JK 触发器，是下降边沿触发器。引脚功能及逻辑符号如图 5-17 所示。

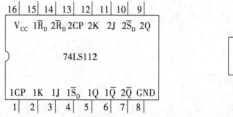
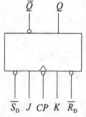

图 5-17　74LS112 双 JK 触发器引脚排列及逻辑符号图

下降沿触发 JK 触发器的功能如表 5-8 所示。

表 5-8　下降沿触发 JK 触发器的功能表

输　　　　　入					输　　出	
$\overline{S}_D$	$\overline{R}_D$	CP	J	K	Q^{n+1}	$\overline{Q}^{n+1}$
0	1	×	×	×	1	0
1	0	×	×	×	0	1
0	0	×	×	×	ϕ	ϕ
1	1	↓	0	0	Q^n	$\overline{Q}^n$
1	1	↓	1	0	1	0
1	1	↓	0	1	0	1

续表

输　　　　　入					输　　　出	
$\overline{S}_D$	$\overline{R}_D$	CP	J	K	Q^{n+1}	$\overline{Q}^{n+1}$
1	1	↓	1	1	$\overline{Q}^n$	Q^n
1	1	↑	×	×	Q^n	$\overline{Q}^n$

注：×——任意态；↓——高到低电平跳变；↑——低到高电平跳变；Q^n（$\overline{Q}^n$）——现态；Q^{n+1}（$\overline{Q}^{n+1}$）——次态；
　　ϕ——不定态。

3. D 触发器

在输入信号为单端的情况下，D 触发器用起来最为方便，其状态方程为 $Q^{n+1}=D^n$，其输出状态的更新发生在 CP 脉冲的上升沿，故又称为上升沿触发的边沿触发器，触发器的状态只取决于时钟到来前 D 端的状态。D 触发器的应用很广，可用作数字信号的寄存、移位寄存、分频和波形发生等，有很多种型号可供各种用途的需要而选用，如双 D74LS74，四 D74LS175、六 D74LS174 等。图 5-18 为双 D74LS74 的引脚排列及逻辑符号。

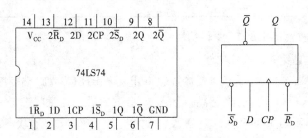

图 5-18　74LS74 引脚排列及逻辑符号图

4. 触发器之间的相互转换

在集成触发器的产品中，每一种触发器都有自己固定的逻辑功能。但可以利用转换的方法获得具有其他功能的触发器。例如：将 JK 触发器的 J、K 两端连在一起，并认它为 T 端，就得到所需的 T 触发器，如图 5-19 所示。

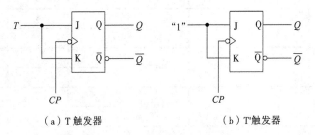

（a）T 触发器　　　　　　　　（b）T'触发器

图 5-19　JK 触发器转换为 T、T'触发器

三、实验设备与器件

① +5V 直流电源；

② 双踪示波器；

③ 连续脉冲源；

④ 单次脉冲源；

⑤ 逻辑电平开关;

⑥ 逻辑电平显示器;

⑦ 74LS112（或 CC4027）、74LS00（或 CC4011）、74LS74（或 CC4013）。

四、实验内容

1. 测试基本 RS 触发器的逻辑功能

按图 5-16，用两个与非门组成基本 RS 触发器，输入端 $\overline{R}$、$\overline{S}$ 接逻辑开关的输出插口，输出端 Q、$\overline{Q}$ 接逻辑电平显示输入插口，按表 5-9 要求测试并记录。

表 5-9　基本 RS 触发器的逻辑功能测试表

$\overline{R}$	$\overline{S}$	Q	$\overline{Q}$
1	1→0		
	0→1		
1→0	1		
0→1			
0			

2. 测试双 JK 触发器 74LS112 逻辑功能

（1）测试 $\overline{R}_\mathrm{D}$、$\overline{S}_\mathrm{D}$ 的复位、置位功能

任取一只 JK 触发器，$\overline{R}_\mathrm{D}$、$\overline{S}_\mathrm{D}$、J、K 端接逻辑开关输出插口，CP 端接单次脉冲源，Q、$\overline{Q}$ 端接至逻辑电平显示输入插口。要求改变 $\overline{R}_\mathrm{D}$，$\overline{S}_\mathrm{D}$（J、K、CP 处于任意状态），并在 $\overline{R}_\mathrm{D}=0$（$\overline{S}_\mathrm{D}=1$）或 $\overline{S}_\mathrm{D}=0$（$\overline{R}_\mathrm{D}=1$）作用期间任意改变 J、K 及 CP 的状态，观察 Q、$\overline{Q}$ 状态，记录到表 5-10 中。

表 5-10　双 JK 触发器 74LS112 逻辑功能测试表

输 入					输 出			
$\overline{S}_\mathrm{D}$	$\overline{R}_\mathrm{D}$	CP	J	K	Q^n	$\overline{Q}^n$	Q^{n+1}	$\overline{Q}^{n+1}$
0	1	×	×	×	×	×		
1	0	×	×	×	×	×		
0	0	×	×	×	×	×		
1	1	↓	0	0	0	1		
					1	0		
1	1	↓	1	0	0	1		
					1	0		
1	1	↓	0	1	0	1		
					1	0		
1	1	↓	1	1	0	1		
					1	0		

（2）测试 JK 触发器的逻辑功能

按表 5-10 的要求改变 J、K、CP 端状态，观察 Q、$\overline{Q}$ 状态变化，记录下来。

（3）将 JK 触发器的 J、K 端连在一起，构成 T 触发器

在 CP 端输入 1Hz 连续脉冲，观察 Q 端的变化。

在 CP 端输入 1kHz 连续脉冲，用双踪示波器观察 CP、Q、$\overline{Q}$ 端波形，注意相位关系。

3．测试双 D 触发器 74LS74 的逻辑功能

（1）测试 $\overline{R}_D$、$\overline{S}_D$ 的复位、置位功能

测试方法同实验内容 2 的（1），将结果记录到表 5–11 中。

（2）测试 D 触发器的逻辑功能

按表 5–11 要求进行测试并记录，并观察触发器状态更新是否发生在 CP 脉冲的上升沿。

表 5–11　双 D 触发器 74LS74 的逻辑功能测试表

输　　　　入				输　　　出			
$\overline{S}_D$	$\overline{R}_D$	CP	D	Q^n	$\overline{Q}^n$	Q^{n+1}	$\overline{Q}^{n+1}$
0	1	×	×	×	×		
1	0	×	×	×	×		
0	0	×	×	×	×		
1	1	↑	0	0	1		
				1	0		
1	1	↑	1	0	1		
				1	0		

（3）将 D 触发器的 $\overline{Q}$ 端与 D 端相连接，构成 T'触发器

测试方法同实验内容 2 的（3），将数据记录下来。

4．乒乓球练习电路

电路功能要求：模拟两名动运员在练球，乒乓球能往返运转。

提示：采用双 D 触发器 74LS74 设计实验线路，两个 CP 端触发脉冲分别由两名运动员操作，两触发器的输出状态用逻辑电平显示器显示。

五、实验总结及实验报告要求

① 列表整理各类触发器的逻辑功能。

② 总结观察到的波形，说明触发器的触发方式。

5.6　计数器及其应用

一、实验目的

① 学习用集成触发器构成计数器的方法。

② 掌握中规模集成计数器的使用及功能测试方法。

二、实验原理

计数器是一个用以实现计数功能的时序部件，不仅可用来计脉冲数，还常用做数字系统的定时、分频和执行数字运算以及其他特定的逻辑功能。

1．用 D 触发器构成异步二进制加/减计数器

图 5–20 是用四个 D 触发器构成的四位二进制异步加法计数器，即将每个 D 触发器接成 T 触发器，再由低位触发器的 $\overline{Q}$ 端和高一位的 CP 端相连接。

若将图 5-20 稍加改动，即将低位触发器的 Q 端与高一位的 CP 端相连接，即构成了一个 4 位二进制减法计数器。

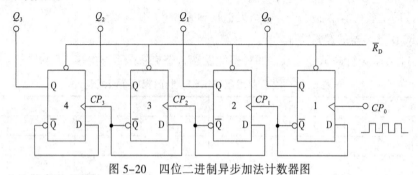

图 5-20　四位二进制异步加法计数器图

2．中规模十进制计数器

CC40192 是同步十进制可逆计数器，具有双时钟输入，并具有清除和置数等功能，其引脚排列及逻辑符号如图 5-21 所示。

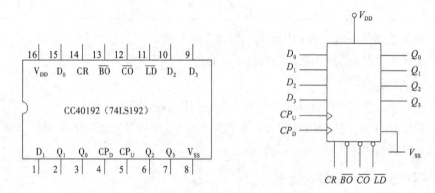

图 5-21　CC40192 引脚排列及逻辑符号图

其中：$\overline{LD}$——置数端；CP_U——加计数端；CP_D——减计数端；R——清除端；$\overline{CO}$——非同步进位输出端；$\overline{BO}$——非同步借位输出端；D_0、D_1、D_2、D_3——计数器输入端；Q_0、Q_1、Q_2、Q_3——数据输出端。

CC40192（同 74LS192）的功能如表 5-12 所示。

表 5-12　CC40192 功能表

输入								输出			
CR	$\overline{LD}$	CP_U	CP_D	D_3	D_2	D_1	D_0	Q_3	Q_2	Q_1	Q_0
1	×	×	×	×	×	×	×	0	0	0	0
0	0	×	×	d	c	b	a	d	c	b	a
0	1	↑	1	×	×	×	×	加　计　数			
0	1	1	↑	×	×	×	×	减　计　数			

3．计数器的级联使用

一个十进制计数器只能表示 0～9 十个数，为了扩大计数器范围，常用多个十进制计数器级联使用。

同步计数器往往设有进位（或借位）输出端，故可选用其进位（或借位）输出信号驱动下一级计数器。

图 5-22 是由 CC40192 利用进位输出 $\overline{CO}$ 控制高一位的 CP_U 端构成的加数级联图。

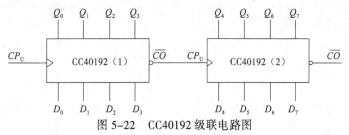

图 5-22　CC40192 级联电路图

三、实验设备与器件

① +5V 直流电源；

② 双踪示波器；

③ 连续脉冲源；

④ 单次脉冲源；

⑤ 逻辑电平开关；

⑥ 逻辑电平显示器；

⑦ 译码显示器；

⑧ CC4013×2（74LS74）、CC40192×3（74LS192）等。

四、实验内容

1. 用 CC4013 或 74LS74 D 触发器构成 4 位二进制异步加法计数器

① 按图 5-20 接线，$\overline{R}_D$ 接至逻辑开关输出插口，将低位 CP_0 端接单次脉冲源，输出端 Q_3、Q_2、Q_3、Q_0 接逻辑电平显示输入插口，各 $\overline{S}_D$ 接高电平 "1"。

② 清零后，逐个送入单次脉冲，观察并 $Q_3 \sim Q_0$ 状态，记录到表 5-13。

③ 将单次脉冲改为 1Hz 的连续脉冲，观察 $Q_3 \sim Q_0$ 的状态。

④ 将 1Hz 的连续脉冲改为 1kHz，用双踪示波器观察 CP、Q_3、Q_2、Q_1、Q_0 端波形。

⑤ 将图 5-20 电路中的低位触发器的 Q 端与高一位的 CP 端相连接，构成减法计数器，按实验内容②、③、④进行实验，观察并列表记录 $Q_3 \sim Q_0$ 的状态。

表 5-13　4 位二进制异步加法计数表

输　　　　入			输　　　　　出			
CP_0	$\overline{R}_D$	$\overline{S}_D$	Q_3	Q_2	Q_1	Q_0
×	0	1				
↑（1）	1	1				
↑（2）	1	1				
↑（3）	1	1				
↑（4）	1	1				
↑（5）	1	1				
↑（6）	1	1				

续表

输	入		输	出		
CP_0	$\overline{R}_D$	$\overline{S}_D$	Q_3	Q_2	Q_1	Q_0
↑（7）	1	1				
↑（8）	1	1				
↑（9）	1	1				
↑（10）	1	1				
↑（11）	1	1				
↑（12）	1	1				
↑（13）	1	1				
↑（14）	1	1				
↑（15）	1	1				
↑（16）	1	1				

2. 测试 CC40192 或 74LS192 同步十进制可逆计数器的逻辑功能

计数脉冲由单次脉冲源提供，清除端 CR、置数端 $\overline{LD}$、数据输入端 D_3、D_2、D_1、D_0 分别接逻辑开关，输出端 Q_3、Q_2、Q_1、Q_0 接实验设备的一个译码显示输入相应插口 A、B、C、D；$\overline{CO}$ 和 $\overline{BO}$ 接逻辑电平显示插口。按表 5-12 逐项测试并判断该集成块的功能是否正常。

（1）清除

令 $CR=1$，其他输入为任意态，这时 $Q_3Q_2Q_1Q_0 = 0000$，译码数字显示为 0。清除功能完成后，置 $CR = 0$。

（2）置数

$CR = 0$，CP_U、CP_D 任意，数据输入端输入任意一组二进制数，令 $\overline{LD} = 0$，观察计数译码显示输出，置数功能是否完成，此后置 $\overline{LD} = 1$。

（3）加计数

$CR = 0$，$\overline{LD} = CP_D = 1$，CP_U 接单次脉冲源。清零后送入 10 个单次脉冲，记录输出到表 5-14，观察译码数字显示是否按 8421 码十进制状态转换表进行；输出状态变化是否发生在 CP_U 的上升沿。

（4）减计数

$CR = 0$，$\overline{LD} = CP_U = 1$，CP_D 接单次脉冲源。参照（3）进行实验并列表记录。

表 5-14   CC40192 逻辑功能测试表

输				入				输			出
CR	$\overline{LD}$	CP_U	CP_D	D_3	D_2	D_1	D_0	Q_3	Q_2	Q_1	Q_0
1	×	×	×	×	×	×	×				
0	0	×	×								
0	1	↑（1）	1	×	×	×	×				
0	1	↑（2）	1	×	×	×	×				
0	1	↑（3）	1	×	×	×	×				
0	1	↑（4）	1	×	×	×	×				
0	1	↑（5）	1	×	×	×	×				
0	1	↑（6）	1	×	×	×	×				

输		入						输	出		
CR	$\overline{LD}$	CP_U	CP_D	D_3	D_2	D_1	D_0	Q_3	Q_2	Q_1	Q_0
0	1	↑（7）	1	×	×	×	×				
0	1	↑（8）	1	×	×	×	×				
0	1	↑（9）	1	×	×	×	×				
0	1	↑（10）	1	×	×	×	×				

3．进行累加计数

如图 5-22 所示，用两片 CC40192 组成两位十进制加法计数器，输入 1Hz 连续计数脉冲，进行由 00—99 累加计数。

4．实现递减计数

将两位十进制加法计数器改为两位十进制减法计数器，实现由 99—00 递减计数。

五、实验总结及实验报告要求

① 画出实验线路图，记录、整理实验现象及实验所得的有关波形。对实验结果进行分析。
② 总结使用集成计数器的体会。

5.7　555 时基电路及其应用

一、实验目的

① 熟悉 555 型集成时基电路结构、工作原理及其特点。
② 掌握多谐振荡器的电路结构和工作原理。
③ 了解多谐振荡器方波周期与电路参数的关系。

二、实验原理

1．构成单稳态触发器

图 5-23（a）所示为由 555 定时器和外接定时元件 R、C 构成的单稳态触发器。波形图如图 5-23（b）所示。暂稳态的持续时间 T_W（即为延时时间）决定于外接元件 R、C 值的大小：$T_W = 1.1RC$。

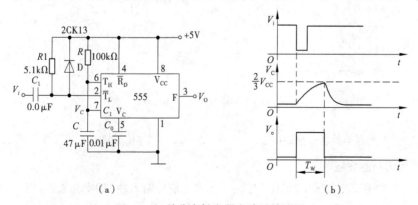

（a）　　　　　　　　　　　　　　（b）

图 5-23　单稳态触发器电路及波形图

2. 构成多谐振荡器

如图 5-24（a），由 555 定时器和外接元件 R_1、R_2、C 构成多谐振荡器。其波形如图 5-24（b）所示。输出信号的时间参数是 $T = T_{w1} + T_{w2}$，$T_{w1} = 0.7(R_1 + R_2)C$，$T_{w2} = 0.7R_2C$。

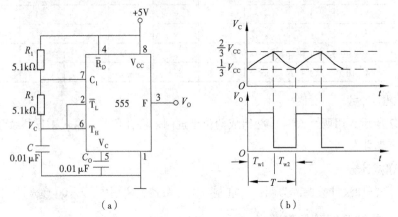

（a）   （b）

图 5-24　多谐振荡器电路及波形图

3. 组成占空比可调的多谐振荡器

电路如图 5-25 所示，比图 5-24 所示电路增加了一个电位器和两个导引二极管。D_1、D_2 用来决定电容充、放电电流流经电阻的途径（充电时 D_1 导通，D_2 截止；放电时 D_2 导通，D_1 截止）。

$$占空比\quad P = \frac{t_{w1}}{t_{w1} + t_{w2}} \approx \frac{0.7R_AC}{0.7C(R_A + R_B)} = \frac{R_A}{R_A + R_B}$$

可见，若取 $R_A = R_B$ 电路即可输出占空比为 50% 的方波信号。

4. 组成占空比连续可调并能调节振荡频率的多谐振荡器

电路如图 5-26 所示。

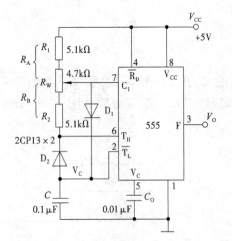

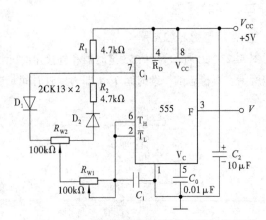

图 5-25　占空比可调的多谐振荡器图　　图 5-26　占空比与频率均可调的多谐振荡器图

5. 组成施密特触发器

电路如图 5-27 所示，只要将脚 2、6 连在一起作为信号输入端，即得到施密特触发器。图 5-28 所示为 v_S，v_i 和 v_o 的波形图。电路的电压传输特性曲线如图 5-29 所示。

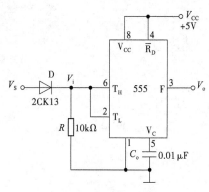

图 5-27　施密特触发器图

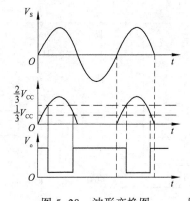

图 5-28　波形变换图

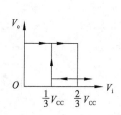

图 5-29　电压传输特性图

三、实验设备与器件

① ＋5V 直流电源；

② 双踪示波器；

③ 连续脉冲源；

④ 单次脉冲源；

⑤ 音频信号源；

⑥ 数字频率计；

⑦ 逻辑电平显示器；

⑧ 555×2、2CK13×2、电位器、电阻、电容若干。

四、实验内容

1．单稳态触发器

① 按图 5-23 连线，取 $R = 100\text{k}\Omega$，$C = 47\mu\text{F}$，输入信号 V_i 由单次脉冲源提供，用双踪示波器观测 v_i，v_C，v_o 波形。测定幅度与暂稳时间。

② 将 R 改为 $1\text{k}\Omega$，C 改为 $0.1\mu\text{F}$，输入端加 1kHz 的连续脉冲，观测波形 v_i，v_C，v_o，测定幅度及暂稳时间。

2．多谐振荡器

① 按图 5-24 接线，用双踪示波器观测 v_c 与 v_o 的波形，测定频率。

② 按图 5-25 接线，组成占空比为 50% 的方波信号发生器。观测 v_C，v_o 波形，测定波形参数。

③ 按图 5-26 接线，通过调节 R_{W1} 和 R_{W2} 来观测输出波形。

3．施密特触发器

按图 5-27 接线，输入信号由音频信号源提供，预先调好 v_S 的频率为 1kHz，接通电源，逐渐加大 v_S 的幅度，观测输出波形，测绘电压传输特性，算出回差电压 ΔU。

4．模拟声响电路

按图 5-30 接线，组成两个多谐振荡器，调节定时元件，使 I 输出较低频率，II 输出较高频率，连好线，接通电源，试听音响效果。调换外接阻容元件，再试听音响效果。

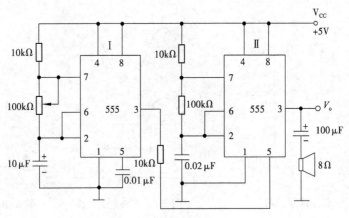

图 5-30   模拟声响电路图

五、实验总结及实验报告要求

① 绘制详细的实验电路图，定量绘出观测到的波形。

② 分析、总结实验结果。

第三篇　综合设计篇

第6章 ‖ 电工电子设计性实验

本章介绍一些常见的实用单元电路的设计，包括 OTL 功率放大电路、开关电源、PWM 产生电路、显示译码驱动电路、波形发生器等，旨在培养学生的电工电子设计创新精神，进一步提高学生的动手能力。

6.1　测量放大电路的设计

一、实验目的

① 熟悉测量放大器的工作原理；

② 掌握测量放大器的设计与调试方法；

③ 了解零漂的形成及解决方法。

二、实验原理

在图 6-1 所示的差分放大电路（即减法运算电路）中，当 $R_1 = R_2$，$R_3 = R_F$ 时，有如下关系式

$$U_o = \frac{R_F}{R_1}(U_{i2} - U_{i1})$$

差分放大电路能抑制共模信号，从而具有较好的抑制零漂的作用，被广泛应用于测量电路中。

在测量放大电路中，由于零漂信号的存在，对测量结果造成了极大的影响，使测量电路无法正常稳定地工作。因此在测量放大电路设计时，必须考虑滤去零漂信号，只留下有用的测试信号进行放大。因此测量放大电路除要求具备足够大的放大倍数外，还要具有高输入电阻和高共模抑制比。

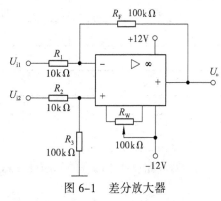

图 6-1　差分放大器

三、实验设备与器件

① 毫伏表；

② 示波器；

③ 20M 信号发生器；

④ 万用表；

⑤ 运算放大器 LM358 三个；

⑥ 电阻若干。

四、设计内容及步骤

1. 设计任务

应用集成运算放大器 LM358 设计一个精度较高，放大倍数不小于 20 的精密运算放大器。

2. 设计要求

① 完成原理电路的设计；

② 完成电路性能的测试，并对测试结果进行分析。

3. 测试内容及步骤

① 调零处理。把放大电路两输入端进行短接，用示波器观察波形，并用毫伏表测量输出信号，要求输出电压小于 1 mV。

② 将信号发生器的输出信号（10mV 的正弦波）输出到放大电路，观察放大信号的波形及测量放大倍数；然后，在放大电路两端在加入 1mV 的共模信号，观察波形，并测量器放大倍数，将数据填入表 6-1。

③ 将差模信号及共模信号叠加到放大电路输入端，用示波器观察波形，并测量输出值，将数据填入表 6-1。

④ 根据测试数据，对自己设计的电路进行分析总结。

表 6-1　测量放大电路的性能测试

差模输入信号/mV	共模输入信号/mV	输出信号/mV	放大倍数	波　　形
0	0			
20	0			
0	1			
20	1			

五、实验报告

① 画出电路原理图；

② 对电路设计中出现的问题进行总结和分析。

6.2　OTL 功率放大器

一、实验目的

① 进一步理解 OTL 功率放大器的工作原理。

② 学会 OTL 电路的调试及主要性能指标的测试方法。

二、实验原理

1. 三极管的工作状态

三极管的工作状态有三种：甲类、乙类、甲乙类，如图 6-2 所示。

甲类：晶体管在输入信号的整个周期都导通静态 I_C 较大，波形好，管耗大效率低。

乙类：晶体管只在输入信号的半个周期内导通，静态 $I_C=0$，波形严重失真，管耗小效率高。

甲乙类：晶体管导通的时间大于半个周期，静态 $I_C \approx 0$，一般常采用。

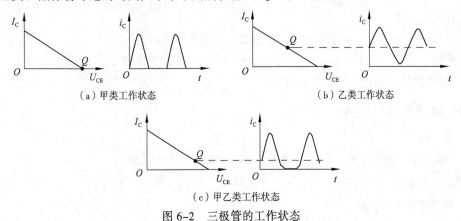

（a）甲类工作状态　　　　　　（b）乙类工作状态

（c）甲乙类工作状态

图 6-2　三极管的工作状态

2. 互补对称原理

OTL 电路具有输出电阻低，负载能力强等优点，适合于作为功率输出级。它的基本形式是互补对称电路，互补对称电路的原理图和波形图如图 6-3 和图 6-4 所示。

3. 交越失真

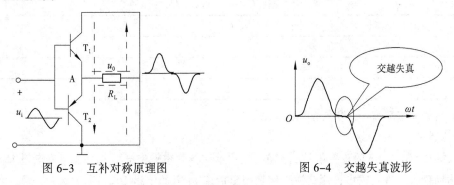

图 6-3　互补对称原理图　　　　　　图 6-4　交越失真波形

交越失真：当输入信号 u_i 为正弦波时，输出信号在过零前后出现的失真称为交越失真。交越失真产生的原因是由于晶体管特性存在非线性，u_i 小于死区电压，晶体管导通不好；克服交越失真的措施是使静态工作点稍高于截止点，即工作于甲乙类状态。

4. OTL 电路的主要性能指标

（1）最大不失真输出功率 P_{om}

理想情况下，$P_{om} = \dfrac{1}{8} \dfrac{U_{CC}^2}{R_L}$，在实验中可通过测量 R_L 两端的电压有效值，来求得实际的 $P_{om} = \dfrac{U_0^2}{R_L}$。

（2）效率 η

$$\eta = \frac{P_{om}}{P_E} \times 100\%$$

P_E——直流电源供给的平均功率。

（3）输入灵敏度

输入灵敏度是指输出最大不失真功率时，输入信号 U_i 的值。

三、实验设备与器件

① 直流电压表；

② 函数信号发生器、双踪示波器、毫安表、交流毫伏表；

③ 晶体三极管 3DG6（9011），3DG12（9013），3CG12（9012）晶体二极管 IN4007；

④ 8Ω扬声器、电阻器、电容器若干。

四、设计内容和步骤

1. 设计任务

设计一个 OTL 放大电路，用于驱动 8Ω/8W 的扬声器。

2. 设计要求

① 完成原理图的设计；

② 完成电路的调试和性能测试。

3. 调试和测试内容及步骤

（1）静态工作点的测试

测量各级静态工作点，记入表 6-2。

表 6-2　$I_{C2}=I_{C3}=$　　mA　　$U_A=2.5V$

	T_1	T_2	T_3
U_B/V			
U_C/V			
U_E/V			

（2）最大输出功率 P_{om} 和效率 η 的测试

① 测量 P_{om}。

输入端接 f = 1kHz 的正弦信号 u_i，输出端用示波器观察输出电压 u_o 波形。逐渐增大 u_i，使输出电压达到最大不失真输出，用交流毫伏表测出负载 R_L 上的电压 U_{om}，则

$$P_{om} = \frac{U^2_{om}}{R_L}$$

② 测量 η。

当输出电压为最大不失真输出时，读出直流毫安表中的电流值，此电流即为直流电源供给的平均电流 I_{dc}(有一定误差)，由此可近似求得 $P_E = U_{CC}I_{dc}$，再根据上面测得的 P_{om}，即可求出 $\eta = \frac{P_{om}}{P_E}$。

（3）输入灵敏度测试

根据输入灵敏度的定义，只要测出输出功率 $P_o = P_{om}$ 时的输入电压值 U_i 即可。

（4）噪声电压的测试

测量时将输入端短路（$u_i = 0$），观察输出噪声波形，并用交流毫伏表测量输出电压，即为噪声电压 U_N，本电路若 $U_N < 15\text{mV}$，即满足要求。

五、实验总结

① 整理实验数据，计算静态工作点、最大不失真输出功率 P_{om}、效率 η 等，并与理论值进行比较。

② 讨论实验中发生的问题及解决办法。

6.3 PWM 信号发生电路

一、实验目的

① 熟悉 PWM 电路的工作原理；

② 了解 H 型驱动电路工作原理。

二、实验原理

PWM 控制电路是目前工业控制界广泛采取的一类控制方式，它具有成本低廉、效率较高、可以对电机实现无级调速的特点。PWM 电路分为信号发生电路及 H 型桥式驱动电路两部分。

1. 信号发生电路

该电路的作用就是根据指令信号对脉冲宽度进行调制，再以该信号控制大功率驱动管的导通时间，从而实现对电机电枢线圈电压的控制。

信号发生及控制电路主要由三角波发生器、加法器和比较器组成，如图 6-5 所示，把三角形基波（U_T）与控制电压信号（U_i）进行叠加（即 $U_i + U_T$）时，就可以使三角波沿水平 x 轴上下移动，叠加信号经过比较器进行比较后，其高于水平轴输出高电平，低于水平轴输出低电平。这样当 U_i 信号根据需要上下移动时，PWM 电路输出的脉宽就可以随意调整了。三角波发生电路如图 6-6 所示。

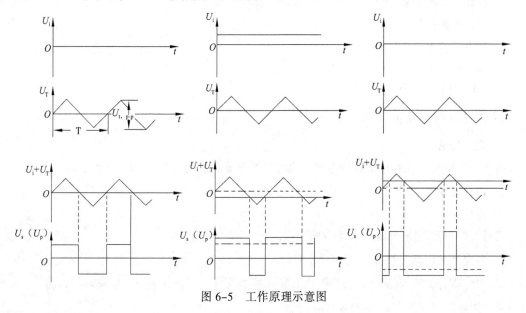

图 6-5 工作原理示意图

2．开关功率放大电路

开关功率放大电路的作用就是把信号发生电路输出的脉宽信号进行发大，以驱动直流伺服电机。一般功率放大电路都采用了 H 式驱动模式，如图 6-7 所示。

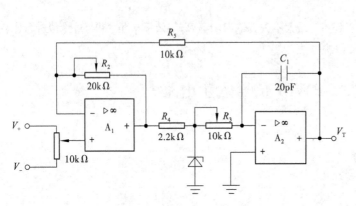

图 6-6　三角波发生电路　　　　　　　图 6-7　H 式驱动电路

三、实验设备及元器件

① +5V 直流电源。

② 双踪示波器。

③ 信号发生器。

④ 12V 直流电动机。

⑤ 直流数字电压表。

⑥ 数字数字频率计。

⑦ 三极管 2N3904　12 个；

　运算放大器 358　4 个；

　24V 直流电机　1 个；

　电阻　若干；

　±5V 双向稳压管　1 个；

　10PF 电容　2 个。

四、设计内容及步骤

1．设计任务

结合三角波发生器和 H 型驱动电路，设计一个脉宽调制电路驱动 12V 直流电机。

2．设计要求

① 设计原理图。

② 调试、测试电路性能，并完成实验报告。

3．电路测试内容及步骤

$U_i = 0 \sim 3V$，60W 直流电机作为控制对象，在示波器上监测波形图，并测试相关参数，记录在表 6-3 中。

表 6-3　脉宽调制电路测试

占空比（%）	输出波形	输出功率	占空比（%）	输出波形	输出功率
10%			70%		
30%			90%		
50%					

五、实验总结

① 用示波器测量三角波发生电路、矩形波发生电路每部分的波形，并记录下来；
② 对电路组装中出现的问题进行总结和分析。

6.4　开关稳压器电路实验

一、实验目的

① 熟悉开关电源的工作原理；
② 了解开关电源的有点用途。

二、实验原理

而开关型稳压电源优点是工作效率高，可达 70%～95%，广泛的应用于计算机、电视机等电源中，成为了电源主要发展的模式。

开关型稳压电路主要通过换能电路将输入直流电压转换成脉冲电压，再将脉冲电压经 LC 滤波转换成直流电压。

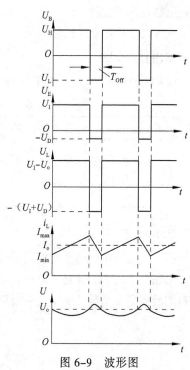

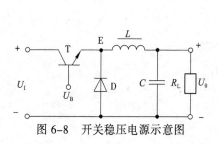

图 6-8　开关稳压电源示意图

图 6-9　波形图

当 u_B 为高电平时，T 饱和导通，D 因承受反偏电压而截止，电感 L 存储能量，电容 C 充电；发射极电位 $u_E=U_I-U_{CES} \approx U_I$。当 u_B 为低电平时，T 截止，此时虽然发射极电流为零，但是 L 释放能量，其感应电动势使 D 导通，与此同时 C 放电，负载电流方向不变，$u_E=-U_D \approx 0$。

占空比：在 u_B 的一个周期 T 内，T_{on} 为调整管导通时间，T_{off} 为调整管截止时间，占空比 $q=T_{on}/T$。改变占空比 q，即可改变输出电压的大小。

三、实验设备及元器件

① 信号发生器；

② 可调直流电源 0～25V；

③ LM358 运算放大器；

④ 250μA 电容一个；

⑤ 2mH 电感元件一个；

⑥ 4007 二极管一只；

⑦ 100kΩ 电阻一只；

⑧ 100kΩ 可变电阻一只；

⑨ 示波器一台。

四、设计内容及步骤

1. 设计任务

设计一个简易型开关稳压电源。

2. 设计要求

① 完成原理图的设计；

② 完成开关型稳压电源性能测试。

3. 测试内容及步骤

观察电路中各点的电压波形和输出电压波形，测量输入、输出电压的大小，记入表 6-4 中。

表 6-4　开关电源参数测试

输入电压/V	u_B 波形	输出波形	输出电压/V

五、实验总结

① 分析开关稳压电路的工作原理；

② 对电路中出现的纹波进行分析，并提出解决方法；

③ 对实验波形及负载波动情况进行记录和分析。

6.5　步进电机环形脉冲分配器设计

一、实验目的

① 熟悉集成步进电机时序脉冲分配器的工作原理；

② 学习步进电动机的环形脉冲分配器的设计方法。

二、实验原理

1．脉冲分配器

脉冲分配器用于产生多路顺序脉冲信号，它可以由计数器和译码器组成，也可以由环形计数器构成，图 6-10 中 CP 端上的系列脉冲经 N 位二进制计数器和相应的译码器，可以转变为 2^N 路顺序输出脉冲。

2．步进电动机工作原理

图 6-11 所示为三相步进电动机的驱动电路示意图。

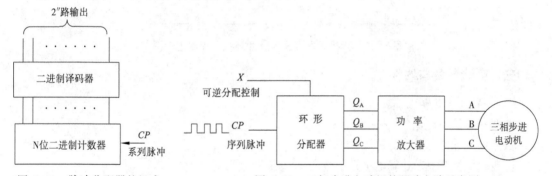

图 6-10　脉冲分配器的组成　　　　　图 6-11　三相步进电动机的驱动电路示意图

A、B、C 分别表示步进电机的三相绕组。步进电机按三相六拍方式运行，即要求步进电机正转时，控制端 X=1，使电机三相绕组的通电顺序为 A→AB→B→BC→C→CA；要求步进电机反转时，令控制端 X=0，三相绕组的通电顺序改为 A→AC→C→BC→B→AB。

3．分频电路

分频电路（见图 6-12）是数字电路中重要的单元电路，也是步进电机环形分配器的重要部分，用于产生 CP。

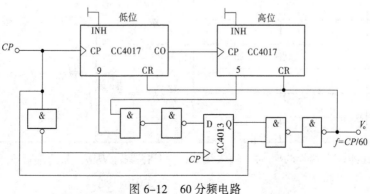

图 6-12　60 分频电路

4．六拍通电方式的脉冲环形分配器

六拍通电方式的脉冲环形分配器是步进电机的重要组成部分，图 6-13 所示为由三个 JK 触发器构成的按六拍通电方式的脉冲环形分配器。

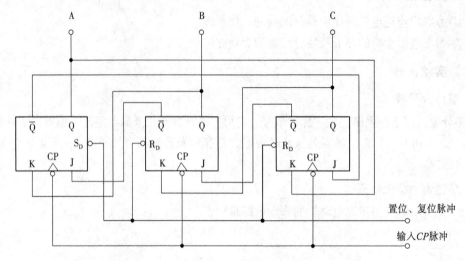

图 6-13　六拍通电方式的脉冲环行分配器逻辑图

三、实验设备与器件

①　+5V 直流电源；

②　双踪示波器；

③　连续脉冲源、单次脉冲源；

④　逻辑电平开关、逻辑电平显示器；

⑤　CC4017×2、CC4013×2、CC4027×2、CC4011×2、CC4085×2。

集成时序脉冲分配器 CC4017 的介绍如表 6-5 所示。

表 6-5　CC4017 的逻辑功能

输　　　入			输　　　　出	
CP	INH	CR	$Q_0 \sim Q_9$	CO
×	×	1	Q_0	
↑	0	0	计　数	计数脉冲为 $Q_0 \sim Q_4$ 时：$CO = 1$
1	↓	0		
0	×	0	保　持	计数脉冲为 $Q_5 \sim Q_9$ 时：$CO = 0$
×	1	0		
↓	×	0		
×	↑	0		

　　CO：进位脉冲输出端。CP：时钟输入端。CR：清除端。INH：禁止端。$Q_0 \sim Q_9$：计数脉冲输出端。

CC4017 是按 BCD 计数/时序译码器组成的分配器，其逻辑符号见表及引脚功能如图 6-14 所示，CC4017 的输出波形如图 6-15。

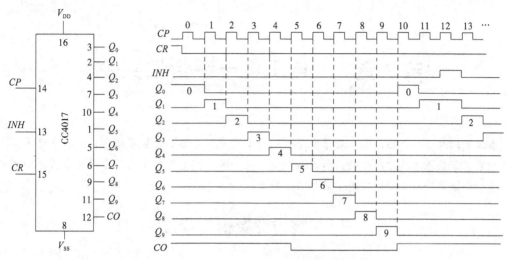

图 6-14　CC4017 的引脚图　　　　　图 6-15　CC4017 的输出波形

四、设计内容及步骤

1. 设计任务

设计一个三相六拍环形分配器，驱动三相步进电动机可逆运行。

2. 设计要求

① 设计原理图；

② 完成相关性能的测试。

3. 测试内容及步骤

① CC4017 逻辑功能测试。

CP 接单次脉冲源，0～9 共十个输出端接至逻辑电平显示输入插口，按功能表要求操作各逻辑开关。清零后，连续送出 10 个脉冲信号，观察 10 个发光二极管的显示状态，并列表记录。

② 观察并记录分频器的波形。

③ 观察并记录分配器输出端波形。

五、实验报告

① 画出完整的实验线路；

② 总结分析实验结果。

第7章 │ 电工电子综合性实验

本章介绍几个综合性的电工电子电路，包括智力竞赛抢答器、数字频率计、数字电压表，旨在让学生在掌握基本单元电路的设计的基础上，进一步提高电工电子的综合设计能力，本章内容可用于综合性实验教学，也可用于第二课堂的学习。

7.1 智力竞赛抢答装置

一、实验目的

① 学习数字电路中 D 触发器、分频电路、多谐振荡器、CP 时钟脉冲源等单元电路的综合运用；
② 熟悉实用型智力竞赛抢答器电路的工作原理及设计方法；
③ 了解简单数字系统实验、调试及故障排除方法。

二、实验原理

设计及制作一个供四人用的智力竞赛抢答装置，用以判断抢答优先权。

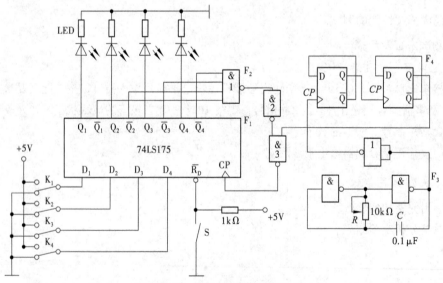

图 7-1 智力竞赛抢答装置原理图

图中 F_1 为四 D 触发器 74LS175，它具有公共置"0"端和公共 CP 端，引脚排列见附录 1；F_2 为双 4 输入与非门 74LS20；F_3 是由 74LS00 组成的多谐振荡器；F_4 是由 74LS74 组成的四分频电路，F_3、F_4 组成抢答电路中的 CP 时钟脉冲源，抢答开始时，由主持人清除信号，按下复位开关 S，74LS175

的输出 $Q_1 \sim Q_4$ 全为 0，所有发光二极管 LED 均熄灭，当主持人宣布"抢答开始"后，首先作出判断的参赛者立即按下开关，对应的发光二极管点亮，同时，通过与非门 F_2 送出信号锁住其余三个抢答者的电路，不再接受其他信号，直到主持人再次清除信号为止。

三、实验设备与器件

① +5V 直流电源；

② 逻辑电平开关；

③ 逻辑电平显示器；

④ 双踪示波器；

⑤ 数字数字频率计；

⑥ 直流数字电压表；

⑦ 74LS175、74LS20、74LS74、74LS00。

四、实验内容

① 测试各触发器及各逻辑门的逻辑功能。

② 按图 7-1 接线，抢答器五个开关接实验装置上的逻辑开关、发光二极管接逻辑电平显示器。

③ 断开抢答器电路中 CP 脉冲源电路，单独对多谐振荡器 F_3 及分频器 F_4 进行调试，调整多谐振荡器 10kΩ 电位器，使其输出脉冲频率约 4kHz，观察 F_3 及 F_4 输出波形及测试其频率。

④ 测试抢答器电路功能。

⑤ 接通+5 电源，CP 端接实验装置上连续脉冲源，取重复频率约 1kHz。

a. 抢答开始前，开关 K_1、K_2、K_3、K_4 均置"0"，准备抢答，将开关 S 置"0"，发光二极管全熄灭，再将 S 置"1"。抢答开始，K_1、K_2、K_3、K.某一开关"1"，观察发光二极管的亮、灭情况，然后再将其他三个开关中任一个置"1"，观察发光二极的亮、灭是否改变。

b. 重复 a 的内容，改变 K_1、K_2、K_3、K_4 任一个开关状态，观察抢答器的工作情况。

c. 整体测试。

断开实验装置上的连续脉冲源，接入 F_3 及 F_4，再进行实验。

五、实验预习要求

预习有关于数字电路优先逻辑电路设计的相关知识。

六、实验报告

① 分析智力竞赛抢答装置各部分功能及工作原理；

② 总结数字系统的设计、调试方法；

③ 分析实验中出现的故障及解决方法。

7.2　智能小车路径自动检测电路

一、实验目的

① 熟悉光敏传感器的的工作原理；

② 熟悉多路选择器的工作原理；

③ 掌握检测电路的工作原理；

④ 掌握模拟电路、数字电路接口技术。

二、实验原理

智能小车路径自动检测的要求是，在一张白色"0"号图纸上描出黑色轨迹，然后让小车根据图纸上的轨迹行走，要求小车行走平稳，具有较强抗干扰能力，能在各种灯光条件正常运行。

路径自动检测原理是，使用光敏电阻及发光二极管配对传感电路对轨迹检测。当发光二极管发出的光照在图纸上，白色及黑色两种颜色反射回来后的光强有着明显的区别，这导致了光敏电阻的阻值不同，流经其的电流也就不一样，根据检测电路输出电流的大小，就可以判断出小车具体的位置及行走状态，路径自动检测电路的作用就是将路径信息转换为合适的电压量输出。原理电路如图 7-2 所示。

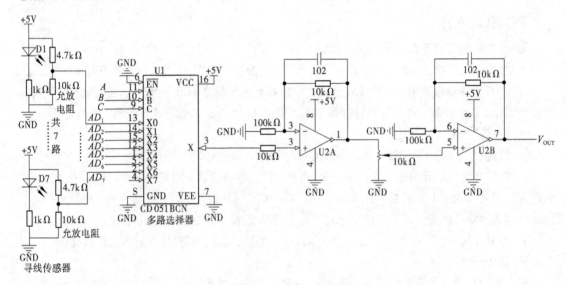

图 7-2   智能小车路径自动检测电路图

三、实验设备与器件

① 5V 直流电源及电池；

② 光敏电阻 6 个；

③ 发光二极管；

④ 集成运算放大器 358；

⑤ 电阻电容若干；

⑥ 示波器、毫伏表、直流稳压电源、万用表。

四、实验内容

① 测试光电传感器电路电压与路径位置关系；

② 测试集成运算放大器的输入、输出关系；

③ 测试整机输出电压与路径位置的关系。

五、实验预习要求

① 光敏电阻特性；

② 模拟电路、数字电路耦合技术。

六、实验报告

① 分析整机电路的工作原理；

② 分析整机性能。

7.3　$3\frac{1}{2}$ 位直流数字电压表

一、实验目的

① 了解双积分式 A/D 转换器的工作原理；

② 熟悉 $3\frac{1}{2}$ 位 A/D 转换器 CC14433 的性能及其引脚功能；

③ 掌握用 CC14433 构成直流数字电压表的方法。

二、实验原理

直流数字电压表的核心器件是一个间接型 A/D 转换器，它首先将输入的模拟电压信号变换成易于准确测量的时间量，然后在这个时间宽度里用计数器计时，计数结果就是正比于输入模拟电压信号的数字量。图 7-3 所示为 V-T 变换型双积分 A/D 转换器的控制逻辑框图。它由积分器（包括运算放大器 A_1 和 RC 积分网络）、过零比较器 A_2，N 位二进制计数器，开关控制电路，门控电路，参考电压 V_R 与时钟脉冲源 CP 组成。

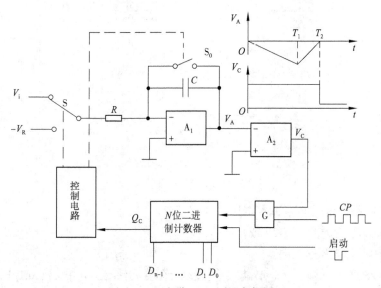

图 7-3　双积分 ADC 原理方框图

转换开始前，先将计数器清零，并通过控制电路使开关 S_0 接通，将电容 C 充分放电。由于计数器进位输出 $Q_C = 0$，控制电路使开关 S 接通 V_i，模拟电压与积分器接通，同时，门 G 被封锁，计数器不工作。积分器输出 V_A 线性下降，经零值比较器 A_2 获得一方波 V_C，打开门 G，计数器开始计数，当输入 2^n 个时钟脉冲后 $t = T_1$，各触发器输出端 $D_{n-1} \sim D_0$ 由 $111\cdots1$ 回到 $000\cdots0$，其进位输出 $Q_C = 1$，作为定时控制信号，通过控制电路将开关 S 转换至基准电压源 $-V_R$，积分器向相反方向积分，V_A 开始线性上升，计数器重新从 0 开始计数，直到 $t = T_2$，V_A 下降到 0，比较器输出的正方波结束，此时计数器中暂存二进制数字就是 V_i 相对应的二进制数码。

三、实验设备与器件

① ±5V 直流电源；

② 双踪示波器；

③ 直流数字电压表；

④ 按线路图 7-3 要求自拟元、器件清单。

1. $3\frac{1}{2}$ 位双积分 A/D 转换器 CC14433 的介绍

CC14433 是 CMOS 双积分式 $3\frac{1}{2}$ 位 A/D 转换器，它是将构成数字和模拟电路的约 7700 多个 MOS 晶体管集成在一个硅芯片上，芯片有 24 只引脚，采用双列直插式，其引脚排列与功能如图 7-4 所示。CC14433 具有自动调零、自动极性转换等功能。可测量正或负的电压值。当 CP_1、CP_0 端接入 470$k\Omega$ 电阻时，时钟频率 ≈ 66kHz，每秒可进行 4 次 A/D 转换。它的使用调试简便，能与微处理机或其他数字系统兼容，广泛用于数字面板表，数字万用表，数字温度计，数字量具及遥测、遥控系统。

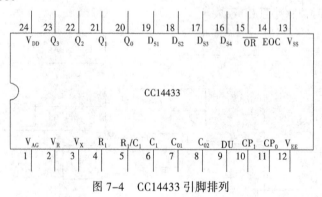

图 7-4　CC14433 引脚排列

引脚功能：

V_{AG}（1 脚）：被测电压 V_X 和基准电压 V_R 的参考地。

V_R（2 脚）：外接基准电压（2V 或 200mV）输入端。

V_X（3 脚）：被测电压输入端。

R_1（4 脚）、R_1/C_1（5 脚）、C_1（6 脚）：外接积分阻容元件端（其中 $C_1 = 0.1\mu F$，$R_1 = 470k\Omega$，$R_1 = 27k\Omega$）。

C_{01}（7 脚）、C_{02}（8 脚）：外接失调补偿电容端，典型值 0.1μF。

DU（9 脚）：实时显示控制输入端。若与 EOC（14 脚）端连接，则每次 A/D 转换均显示。

CP_1（10 脚）、CP_0（11 脚）：时钟振荡外接电阻端，典型值为 470kΩ。

V_{EE}（12 脚）：电路的电源最负端，接−5V。

V_{SS}（13 脚）：除 CP 外所有输入端的低电平基准（通常与 1 脚连接）。

EOC（14 脚）：转换周期结束标记输出端，每一次 A/D 转换周期结束，输出一个正脉冲，宽度为时钟周期的 1/2。

$\overline{OR}$（15 脚）：过量程标志输出端，当 $|V_X| > V_R$ 时，$\overline{OR}$ 输出为低电平。

$D_{S4} \sim D_{S1}$（16～19 脚）：多路选通脉冲输入端，D_{S1} 对应于千位，D_{S2} 对应于百位，D_{S3} 对应于十位，D_{S4} 对应于个位。

$Q_0 \sim Q_3$（20～23 脚）：BCD 码数据输出端，D_{S2}、D_{S3}、D_{S4} 选通脉冲期间，输出三位完整的十进制数，在 D_{S1} 选通脉冲期间，输出千位 0 或 1 及过量程、欠量程和被测电压极性标志信号。

2. 路达林顿晶体管列阵 MC1413 的介绍

MC1413 采用 NPN 达林顿复合晶体管的结构，因此有很高的电流增益和很高的输入阻抗，可直接接受 MOS 或 CMOS 集成电路的输出信号，并把电压信号转换成足够大的电流信号驱动各种负载。该电路内含有 7 个集电极开路反相器（也称 OC 门）。MC1413 电路结构和引脚排列如图 7-5 所示，它采用 16 引脚的双列直插式封装。每一驱动器输出端均接有一释放电感负载能量的抑制二极管。

3. 精密基准电源 MC1403

A/D 转换需要外接标准电压源作参考电压。标准电压源的精度应当高于 A/D 转换器的精度。本实验采用 MC1403 集成精密稳压源作参考电压，MC1403 的输出电压为 2.5V，当输入电压在 4.5～15V 范围内变化时，输出电压的变化不超过 3mV，一般只有 0.6mV 左右，输出最大电流为 10mA。MC1403 引脚排列如图 7-6 所示。

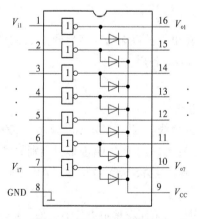

图 7-5　MC1413 引脚排列

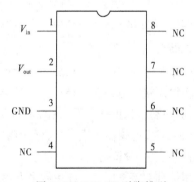

图 7-6　MC1403 引脚排列

四、实验内容

实验电路如图 7-7 所示，整机工作原理简单介绍如下：

① 被测直流电压 V_X 经 A / D 转换后以动态扫描形式输出，数字量输出端 $Q_0Q_1Q_2Q_3$ 上的数字信号（8421 码）按照时间先后顺序输出。位选信号 DS_1、DS_2、DS_3、DS_4 通过位选开关 MC1413 分别控制着千位、百位、十位和个位上的四只 LED 数码管的公共阴极。数字信号经七段译码器 CC4511 译码后，驱动四只 LED 数码管的各段阳极。这样就把 A/D 转换器按时间顺序输出的数据以扫描形式在四只数码管上依次显示出来，由于选通重复频率较高，工作时从高位到低位以每位每次约 300μs 循环显示。即一个 4 位数的显示周期是 1.2ms，所以人的肉眼就能清晰地看到四位数码管同时显示三位半十进制数字。

② 当参考电压 $V_R = 2V$ 时，满量程显示 1.999V；$V_R = 200mV$ 时，满量程为 199.9mV。可以通过选择开关来控制千位和十位数码管的 h 笔经限流电阻实现对相应的小数点显示的控制。

③ 最高位（千位）显示时只有 b、c 两根线与 LED 数码管的 b、c 脚相接，所以千位只显示 1 或不显示，用千位的 g 段来显示模拟量的负值（正值不显示），即由 CC14433 的 Q_2 端通过 NPN 晶体管 9013 来控制 g 段。

实验内容和步骤如下：

1. 数码显示部分的组装与调试

① 建议将 4 只数码管插入 40P 集成电路插座上，将 4 个数码管同名笔画段与显示译码的相应输出端连在一起，其中最高位只要将 b、c、g 三笔画段接入电路，按图 7-7 接好连线，但暂不插所有的芯片，待用。

② 插好芯片 CC4511 与 MC1413，并将 CC4511 的输入端 A、B、C、D 接至拨码开关对应的 A、B、C、D 四个插口处；将 MC1413 的 1、2、3、4 脚接至逻辑开关输出插口上。

③ 将 MC1413 的 2 脚置"1"，1、3、4 脚置"0"，接通电源，拨动码盘（按"+"或"−"键）自 0~9 变化，检查数码管是否按码盘的指示值变化。

④ 按实验原理的要求，检查译码显示是否正常。

⑤ 分别将 MC1413 的 3、4、1 脚单独置"1"，重复的内容。如果所有 4 位数码管显示正常，则去掉数字译码显示部分的电源，备用。

2. 标准电压源的连接和调整

插上 MC1403 基准电源，用标准数字电压表检查输出是否为 2.5V，然后调整 10kΩ 电位器，使其输出电压为 2.00V，调整结束后去掉电源线，供总装时备用。

3. 总装总调

① 插好芯片 MC14433，按图 7-7 所示接好全部电路。

② 将输入端接地，接通+5V，−5V 电源（先接好地线），此时显示器将显示"000"值，如果不是，应检测电源正负电压。用示波器测量、观察 D_{S1}~D_{S4}，Q_0~Q_3 波形，判别故障所在。

③ 用电阻、电位器构成一个简单的输入电压 V_X 调节电路，调节电位器，4 位数码将相应变化，然后进入下一步精调。

④ 用标准数字电压表（或用数字万用表代）测量输入电压，调节电位器，使 $V_X = 1.000V$，这时被调电路的电压指示值不一定显示"1.000"，应调整基准电压源，使指示值与标准电压表误差个位数在 5 之内。

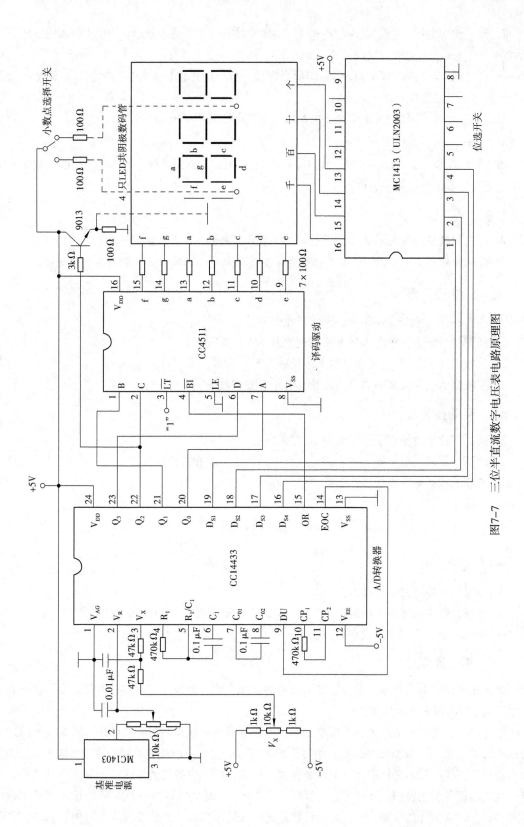

图7-7 三位半直流数字电压表电路原理图

⑤ 改变输入电压 V_X 极性，使 $V_i = -1.000V$，检查"－"是否显示，并按步骤④的方法校准显示值。

⑥ 在-1.999V～0V，0V～+1.999V 的量程内再一次仔细调整（调基准电源电压），使全部量程内的误差均不超过个位数在 5 之内。

至此一个测量范围在 ±1.999 的三位半数字直流电压表调试成功。

4．记录

将输入电压为 ±1.999，±1.500，±1.000，±0.500，0.000 时（标准数字电压表的读数）被调数字电压表的显示值记录于表中。

思考：

① 用自制数字电压表测量正、负电源电压。如何测量？试设计扩程测量电路。

② 若积分电容 C_1、C_{o2}（0.1μF）换用普通金属化纸介电容时，观察测量精度的变化。

五、实验预习要求

① 本实验是一个综合性实验，应作好充分准备。

② 仔细分析图 7-3 中各部分电路的连接及其工作原理。

③ 参考电压 V_R 上升，显示值增大还是减少？

④ 要使显示值保持某一时刻的读数，电路应如何改动？

六、实验报告

① 绘出三位半直流数字电压表的电路接线图；

② 阐明组装、调试步骤，说明调试过程中遇到的问题和解决的方法；

③ 组装、调试数字电压表的心得体会。

7.4　数字频率计

一、实验目的

① 熟悉实用性电路的设计方法；

② 掌握计数集成电路、CC4518、CC4553 以及触发器 4013、4011 等芯片的使用；

③ 学习系统电路的集成及调试方法。

二、实验原理

数字频率计基本工作原理就是记录下信号的脉冲个数，并通过显示装置将频率以十进制显示出来。其方框图如图 7-8 所示。

在电路中首先由晶振产生一个标准频率，经分频器后可获得多种时基脉冲，时基信号的选择可以由开关 S_2 控制。被测频率的输入信号经放大整形后变成矩形脉冲加到主控门的输入端，如果被测信号为方波，可不进行放大整形，将被测信号直接加到主控门的输入端。时基信号经控制电路产生闸门信号至主控门，只有在闸门信号采样期间内（时基信号的一个周期），输入信号才通过主控门。若时基信号的周期为 T，进入计数器的输入脉冲数为 N，则被测信号的频率 $f = N/T$，改

变时基信号的周期 T，即可得到不同的频率范围。当主控门关闭时，计数器停止计数，显示器显示记录结果。此时控制电路输出一个置零信号，经延时、整形电路的延时后输出一个复位信号，使计数器和所有的触发器置 0，为后续新的一次取样作好准备，即能锁住一次显示的时间，使其保留到接受新的一次取样为止。当开关 S_2 改变量程时，小数点能自动移位。

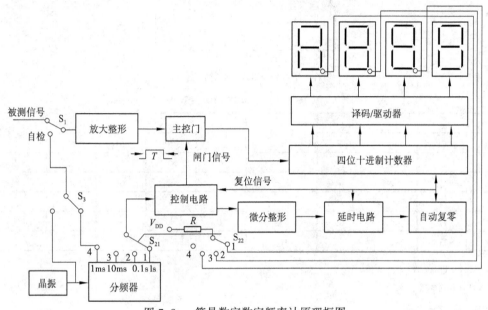

图 7-8　简易数字数字频率计原理框图

三、实验设备与元器件

① +5V 直流电源。

② 双踪示波器。

③ 连续脉冲源。

④ 逻辑电平显示器。

⑤ 直流数字电压表。

⑥ 数字数字频率计。

⑦ CC4518（二 - 十进制同步计数器）　4 只；

　CC4553（三位十进制计数器）　2 只；

　CC4013（双 D 型触发器）　2 只；

　CC4011（四 2 输入与非门）　2 只；

　CC4069（六反相器）　1 只；

　CC4001（四 2 输入或非门）　1 只；

　CC4071（四 2 输入或门）　1 只；

　2AP9（二极管）　1 只；

　电位器（1MΩ）　1 只；

　电阻、电容　若干。

CC4553 三位十进制计数器介绍：

CC4553 的引脚图和功能表分别如图 7-9 和表 7-1 所示。

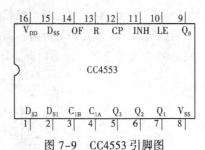

图 7-9　CC4553 引脚图

表 7-1　CC4553 功能表

输	入			输　出	输	入			输　出
R	CP	INH	LE		R	CP	INH	LE	
0	↑	0	0	不变	0	0	×	×	不变
0	↓	0	0	计数	0	×	×	↑	锁存
0	×	1	×	不变	0	×	×	1	锁存
0	1	↑	0	计数	1	×	×	0	$Q_0 \sim Q_3 = 0$
0	1	↓	0	不变					

CP：时钟输入端。

INH：时钟禁止端。

LE：锁存允许端。

R：清除端。

OF：溢出端。

C_{IA}、C_{IB}：振荡器外接电容端。

$D_{S1} \sim D_{S3}$：数据选择输出端。

$Q_0 \sim Q_3$：BCD 码输出端。

四、实验内容和要求

实验电路如图 7-10 所示。

为了进一步了解数字频率计的工作原理，这里介绍各单元电路。

1. 控电路单元的设计

控制电路与主控门电路如图 7-11 所示。

门控电路由双 D 触发器 CC4013 及与非门 CC4011 构成。CC4013（a）的任务是输出闸门控制信号，以控制主控门 2 的开启与关闭。如果通过开关 S_2 选择一个时基信号，当给与非门 1 输入一个时基信号的下降沿时，门 1 就输出一个上升沿，则 CC4013（a）的 Q_1 端就由低电平变为高电平，将主控门 2 开启。允许被测信号通过该主控门并送至计数器输入端进行计数。相隔 1s（或 0.1s、10ms、1ms）后，又给与非门 1 输入一个时基信号的下降沿，与非门 1 输出端又产生一个上升沿，使 CC4013（a）的 Q_1 端变为低电平，将主控门关闭，使计数器停止计数，同时 $\overline{Q}_1$ 端产生一个上升沿，使 CC4013（b）翻转成 $Q_2 = 1$，$\overline{Q}_2 = 0$，由于 $\overline{Q}_2 = 0$，它立即封锁与非门 1 不再让时基信号进入 CC4013（a），保证在显示读数的时间内 Q_1 端始终保持低电平，使计数器停止计数。

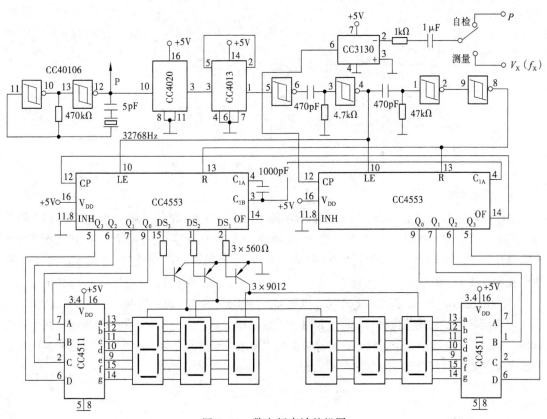

图 7-10　数字频率计整机图

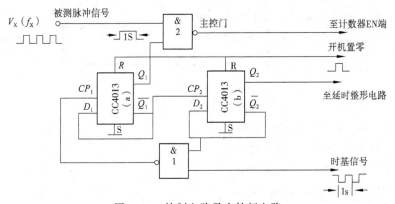

图 7-11　控制电路及主控门电路

利用 Q_2 端的上升沿送到下一级的延时、整形单元电路。当到达所调节的延时时间时，延时电路输出端立即输出一个正脉冲，将计数器和所有 D 触发器全部置 0。复位后，$Q_1 = 0$，$\overline{Q}_1 = 1$，为下一次测量作好准备。当时基信号又产生下降沿时，则重复上述过程。

2. 微分、整形电路

电路如图 7-12 所示。CC4013（b）的 Q_2 端所产生的上升沿经微分电路后，送到由与非门 CC4011 组成的斯密特整形电路的输入端，在其输出端可得到一个边沿十分陡峭且具有一定脉冲宽度的负脉冲，然后再送至下一级延时电路。

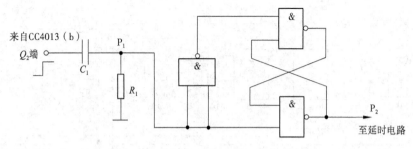

图 7-12　微分、整形电路

3. 延时电路

延时电路由 D 触发器 CC4013（c）、积分电路（由电位器 R_{W1} 和电容器 C_2 组成）、非门 3 以及单稳态电路所组成，如图 7-13 所示。由于 CC4013（c）的 D_3 端接 V_{DD}，因此，在 P_2 点所产生的上升沿作用下，CC4013（c）翻转，翻转后 $\overline{Q}_3 = 0$，由于开机置"0"时或门（1）（见图 7-13）输出的正脉冲将 CC4013（c）的 Q_3 端置"0"，因此 $\overline{Q}_3 = 1$，经二极管 2AP9 迅速给电容 C_2 充电，使 C_2 二端的电压达高电平，而此时 $\overline{Q}_3 = 0$，电容器 C_2 经电位器 R_{W1} 缓慢放电。当电容器 C_2 上的电压放电降至非门 3 的阈值电平 V_T 时，非门 3 的输出端立即产生一个上升沿，触发下一级单稳态电路。此时，P_3 点输出一个正脉冲，该脉冲宽度主要取决于时间常数 R_t、C_t 的值，延时时间为上一级电路的延时时间及这一级延时时间之和。

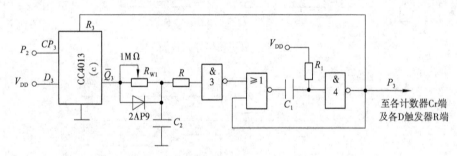

图 7-13　延时电路

由实验求得，如果电位器 R_{W1} 用 510Ω 的电阻代替，C_2 取 3μF，则总的延迟时间也就是显示器所显示的时间为 3s 左右。如果电位器 R_{W1} 用 2MΩ 的电阻取代，C_2 取 22μF，则显示时间可达 10s 左右。可见，调节电位器 R_{W1} 可以改变显示时间。

4. 自动清零电路

P_3 点产生的正脉冲送到图 7-14 所示的或门组成的自动清零电路，将各计数器及所有的触发器置零。在复位脉冲的作用下，$Q_3 = 0$，$\overline{Q}_3 = 1$，于是 $\overline{Q}_3$ 端的高电平

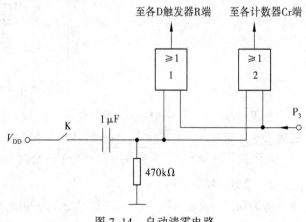

图 7-14　自动清零电路

经二极管 2AP9 再次对电容 C_2 充电，补上刚才放掉的电荷，使 C_2 两端的电压恢复为高电平，又

因为 CC4013（b）复位后使 Q_2 再次变为高电平，所以与非门 1 又被开启，电路重复上述变化过程。

实验内容和步骤如下：

① 使用中、小规模集成电路设计、制作一台简易的数字数字频率计。该数字频率计为 4 位十进制数。其量程分为四挡：

第一挡：最小量程挡，最大读数是 9.999kHz，闸门信号的采样时间为 1s。

第二挡：最大读数为 99.99kHz，闸门信号的采样时间为 0.1s。

第三挡：最大读数为 999.9kHz，闸门信号的采样时间为 10ms。

第四挡：最大读数为 9999kHz，闸门信号的采样时间为 1ms。

② 显示方式

a. 用七段 LED 数码管显示读数，做到显示稳定、不跳变。

b. 小数点的位置跟随量程的变更而自动移位。

c. 为了便于读数，要求数据显示的时间在 0.5~5s 内连续可调。

③ 具有"自检"功能。

④ 被测信号为方波信号。

⑤ 画出设计的数字频率计的电路总图。

⑥ 组装和调试

a. 时基信号通常使用石英晶体振荡器输出的标准频率信号经分频电路获得。为了实验调试方便，可用实验设备上脉冲信号源输出的 1kHz 方波信号经 3 次 10 分频获得。

b. 按设计的数字频率计逻辑图在实验装置上布线。

c. 用 1kHz 方波信号送入分频器的 CP 端，用数字数字频率计检查各分频级的工作是否正常。用周期为 1s 的信号作控制电路的时基信号输入，用周期等于 1ms 的信号作被测信号，用示波器观察和记录控制电路的输入、输出波形，检查控制电路所产生的各控制信号能否按正确的时序要求控制各个子系统。用周期为 1s 的信号送入各计数器的 CP 端，用发光二极管指示检查各计数器的工作是否正常。用周期为 1s 的信号作延时、整形单元电路的输入，用两只发光二极管作指示，检查延时、整形单元电路的输入，用两只发光二极管作指示，检查延时、整形单元电路的工作是否正常。若各个子系统的工作都正常了，再将各子系统连起来统–调试。

⑦ 调试合格后，写出综合实验报告。

五、实验总结及报告

① 总结电路实验工作原理；

② 作出各部分主要电路测试的波形；

③ 写出实验步骤；

④ 对实验中出现的问题进行技术上的分析。

第四篇　课程设计篇

第 8 章　｜电工电子学课程设计

　　本章介绍课程设计实践教学环节的内容，列举了两个范例，数字电子电路的电子钟和模拟电子电路的收音机。

8.1　调幅超外差式收音机的装配与调试

　　本节介绍调幅超外差式收音机的工作原理和装配调试过程，旨在让学生了解、掌握模拟电子电路实践环节的知识。

8.1.1　收音机的基础知识

1．收音机的功能

　　收音机由机械、电子部件和磁铁等构造而成，是用电能将电波信号转换为声音，收听广播电台发射的电波信号的机器。

　　收音机能把从天线上接收到的高频信号经检波（解调）还原成音频信号，送到耳机或喇叭变成声波。具体而言，天空中有很多不同频率的无线电波，不同的无线电波上搭载了不同的电台节目，如果把许多电波全都接收下来，声音混杂在一起，结果什么也听不清了。为了设法选择所需要的节目，在接收天线后有一个选择性电路，它的作用是把所需的信号（电台）挑选出来，并把不要的信号"滤掉"，以免产生干扰，这就是我们收听广播时，所使用的"选台"按钮。选择性电路的输出是选出某个电台的高频调幅信号，利用它直接输出到耳机（扬声器）是不行的，还必须把它恢复成原来的音频信号，这种还原电路称为解调，把解调的音频信号送到耳机，就可以收到广播了。

2．无线电知识

（1）基本概念

　　无线电是指在自由空间（包括空气和真空）传播的电磁波，位于其中的一个有限频带。上限频率在 300GHz（吉赫兹），下限频率规定不统一，在各种射频规范中常见的有：3kHz～300GHz（ITU——国际电信联盟规定）、9kHz～300GHz 和 10kHz～300GHz。无线电技术是通过无线电波传播信号的技术，无线电广播即属于无线电技术的应用。

　　无线电技术的原理在于导体中电流强弱的改变会产生无线电波。利用这一现象，通过调制可将信息加载于无线电波之上。当电波通过空间传播到达接收端，电波引起的电磁场变化又会在导体中产生电流。通过解调将信息从电流变化中提取出来，就达到了信息传递的目的。

　　无线电波是看不见、摸不着的。关于无线电波的波长和频率，我们不妨将无线电波比做一块石头掉入水中而产生的逐渐向外扩散的一圈圈水波：石头入水点是水波的中心，无线电发射天线则是无线电波的中心，那么相邻的两圈水波或电波之间的距离就叫波长。无线电波的传播速度是非常快的，与光的速度一样，即 3×10^8m/s。用速度除以波长就是我们常说的无线电波的频率，无线电波的波长与频率是成反比的，频率越高的无线电波，其波长就越短。波长的常用单位是 m，频率的常用单位是 Hz、kHz 和 MHz 等。例如，我们中央人民广播电台有中波 639kHz、短波 9800kHz 和调频 106.1MHz 三个发射频率，它们相对应的波长则分别为 469.5m、30.6m 和 2.8m。我们平时在收听无线电广播时，基本碰到或使用的是频率这一概念，而波长这一概念却不太常碰到或使用；实际上，知道了某一无线电波的频率，只要简单换算一下，也就知道了该电波的波长了。

　　（2）无线电分类

　　无线电按波长和频率分类如表 8-1 所示。

表 8-1　按波和和频率分类

种类	长波	中波	短波	超短波（VHF、米波）	微波
波长/m	>1000	100～1000	10～100	1～10	1×10^{-3}～1
频率/Hz	3000～30k	300k～3000k	3M～30M	30M～300M	300M～300G

　　无线电按用途分可分为如下几种：

　　民用：一般指我们听得无线广播。

　　商用：机场、通信运营商使用的无线电。

　　军用：军事用途。

　　（3）调幅波与调频波

　　现在世界上各个广播电台发射的无线电波有两种：一种叫调幅波，另一种叫调频波。能接收调幅波的收音机就叫调幅收音机，能接收调频波的收音机就叫调频收音机。下面我们重点来谈谈什么是调幅波，什么是调频波。

　　我们平常从收音机里听到的各种声音（如人的说话声、音乐等）本身的传播距离是十分短的，如某人在大声吼叫时，其他人能在 30m 以外听清楚已是非常不易了。而通过无线电广播（发射与接收），声音却可以传到上千千米、上万千米以外，而且传送的时间基本可忽略不计。这神奇的效果并不是声音本身所能做到的，而是声音通过"搭载"在无线电波上实现的。无线电波的传播速度是很快的，而且在空中传播损耗也非常小，这是实现快速而远距离传播的先决条件。按无线电专业技术术语，把声音"搭载"在无线电波上叫"调制"，而被当做传播交通工具的无线电波则叫"载波"。把声音调制到载波的方式有两种：一种是让载波的幅度随着声音的大小而变化，这种方式叫调幅制，被调制后的电波我们称为调幅波；另一种是让载波的频率随声音的大小而变化，这种方式叫调频制，被调制后的电波我们称为调频波。

　　FM：frequency modulation，调频广播。

AM：amplitude modulation，调幅。

SW：short wave，短波。

MW：medium wave，中波。

LW：long wave，长波。

在一般的收音机或收录音机上都有 AM 及 FM 波段，这两个波段是用来供您收听国内广播的，若收音机上还有 SW 波段时，那么除了国内短波电台之外，您还可以收听到世界各个国家或地区的广播电台节目。

3. 超外差式收音机的工作原理

前面我们已经介绍了无线电波与调制的概念，大家已知道广播电台是将声音信息调制在高频无线电波上再发射出去。收音机的基本工作原理可以简单归纳为三步曲：第一步要接收到相应频率的无线电波；第二步是从无线电波上取出调制在其上的声音信息；第三步为把声音信息还原成人耳能听到的声音。下面我们详细地来介绍这三个过程。

过程 1：用于无线广播的无线电频率是非常多的，一个频率对应一个电台的一套广播节目，而一台收音机一次也只能收听一个频率的广播节目。这就提出了一个最基本的要求：收音机应能有选择性地接收无线电波。事实上，收音机首先靠本身配置的天线将各种频率的无线电波接收进来，然后通过一个具有选择功能的电路来选择听众所需收听的电台频率，此时自然就要将其他频率的无线电波滤掉。这一选择过程就是我们常说的选台，即调谐。

过程 2：在接收到我们所需收听的电台高频电波后，下一步就是把"搭载"在电波上的声音信息取下来，前面我们已经说过，这个"搭载"过程叫调制，那么现在把声音信号取下来则称为解调。解调是通过特别设计的电子电路来完成的。调制的方式有调幅和调频两种，相对应地，解调的方式或采用的电子电路也是不相同的。需要说明的是，从天线上直接接收到的无线电信号是非常微弱的，在通过调谐电路后还需经过放大电路放大到一定幅度才能送往解调电路。

过程 3：从无线电波上解调出来的声音信息此时还是一种幅度很低的电信号，我们人耳是听不到的，还需用功率放大电路将其放大，再通过喇叭或耳机才能还原成我们真正能听到的声音。

最简单收音机称为直接检波机，但从接收天线得到的高频天线电信号一般非常微弱，直接把它送到检波器不太合适，最好在选择电路和检波器之间插入一个高频放大器，把高频信号放大。即使已经增加高频放大器，检波输出的功率通常也只有几毫瓦，用耳机听还可以，但要用扬声器就嫌太小了，因此在检波输出后增加音频放大器来推动扬声器。高放式收音机比直接检波式收音机灵敏度高、功率大，但是选择性还较差，调谐也比较复杂。把从天线接收到的高频信号放大几百甚至几万倍，一般要有几级的高频放大，每一级电路都有一个谐振回路，当被接收的频率改变时，谐振电路都要重新调整，而且每次调整后的选择性和通带很难保证完全一样，为了克服这些缺点，现在的收音机几乎都采用超外差式电路。

超外差的特点是：被选择的高频信号的载波频率，变为较低的固定不变的中频（465kHz），再利用中频放大器放大，满足检波的要求，然后才进行检波。在超外差接收机中，为了产生变频作用，还要有一个外加的正弦信号，这个信号通常叫外差信号，产生外差信号的电路，习惯叫本地振荡电路。在收音机本振频率和被接收信号的频率相差一个中频，因此在混频器之前的选择电路和本振电路采用统一调谐线，如用同轴的双联电容器（PVC）进行调谐，使之差保持固定的中频数值。也就是说不管电台信号频率如何都变成为中频信号，然后都能进入中频放大级，所以对不同频率电台都能够进行均匀地放大。中放的级数可以根据要求增加或减少，更容易在稳定条件下获得高增益和窄带频响特性。此外，由于中频是恒定的，所以不必每级都加入可变电容器选择电台，避免使用多联同轴可变电容器，而只需在调谐回路和本振回路用一只双连可变电容器就可完成选台。通频带特性也可做得比较理想，这样可以使检波器获得足够大的信号，从而使整机输出音质较好的音频信号。现在，绝大多数商品化收音机都是超外差式的。

我们以超外差式七管半导体收音机为例来介绍超外差式收音机的工作原理，如图 8-1 所示。

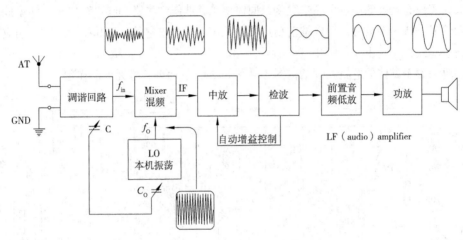

图 8-1　超外差式 7 管收音机原理框图

我们来认识一下每个部分的作用。

输入电路：又称输入调谐回路或选择电路，其作用是从天线上接收到的各种高频信号中选择出所需要的电台信号并送到变频级。输入电路是收音机的大门，它的灵敏度和选择性对整机的灵敏度和选择性都有重要影响。

变频电路：又称变频器，由本机振荡器和混频器组成，其作用是将输入电路选出的信号（载波频率为 f_{in} 的高频信号）与本机振荡器产生的振荡信号（频率为 f_0）在混频器中进行混频，结果得到一个固定频率（465kHz）的中频信号。这个过程称为"变频"，它只是将信号的载波频率降低了，而信号的调制特性并没有改变，仍属于调幅波。由于混频管的非线性作用，f_{in} 与 f_0 在混频过程中，产生的信号除原信号频率外，还有二次谐波及两个频率的和频和差频分量。其中差频分量（f_0-f_{in}）就是我们需要的中频信号，可以用谐振回路选择出来，而将其他不需要的信号滤除掉。因为 465kHz 中频信号的频率是固定的，所以本机振荡信号的频率始终比接收到的外来信号频率高出 465kHz，这也是"超外差"得名的原因。

中频放大电路：又叫中频放大器，其作用是将变频级送来的中频信号进行放大，一般采用变压器耦合的多级放大器。中频放大器是超外差式收音机的重要组成部分，直接影响着收音机的主要性能指标。质量好的中频放大器应有较高的增益，足够的通频带和阻带（使通频带以外的频率全部衰减），以保证整机良好的灵敏度、选择性和频率响应特性。

检波和自动增益控制电路：检波的作用是从中频调幅信号中取出音频信号，常利用二极管来实现。由于二极管的单向导电性，中频调幅信号通过检波二极管后将得到包含多种频率成分的脉动电压，然后经过滤波电路滤除不要的成分，取出音频信号和直流分量。音频信号通过音量控制电位器送往音频放大器，而直流分量与信号强弱成正比，可将其反馈至中放级实现自动增益控制（简称 AGC）。收音机中设计 AGC 电路的目的是：接收弱信号时，使收音机的中放电路增益增高，而接收强信号时自动使其增益降低，从而使检波前的放大增益随输入信号的强弱变化而自动增减，以保持输出的相对稳定。

音频放大电路：又叫音频放大器，它包括低频电压放大器和功率放大器。一般收音机中有一至两级低频电压放大器。两级中的第一级称为前置低频放大器，第二级称为末级低频放大器。低频电压放大级应有足够的增益和频带宽度，同时要求其非线性失真和噪声都要小。功率放大器用来对音频信号进行功率放大，用以推动扬声器还原声音，要求它的输出功率大，频率响应宽，效率高，而且非线性失真小。

我们再来看看具体的电路原理结构图（见图 8-2），从而理解各元件的作用。

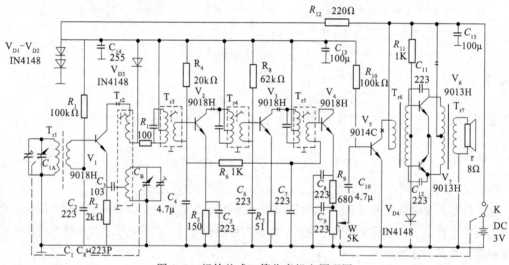

图 8-2　超外差式 7 管收音机电原理图

由图 8-2 可见，整机中含有 7 只三极管，因此称为 7 管收音机。其中，三极管 V_1 为变频管，V_2、V_3 为中放管，V_4 为检波管，V_5 为低频前置放大管，V_6、V_7 为低频功放管。

天线回路选出所需的电台信号，经过变压器 T_{r1}（或 B_1）耦合到变频管 V_1 的基极。与此同时，由变频管 V_1、振荡线圈 T_{r2}、双联同轴可变电容 C_{1B} 等元器件组成的共基调射型变压器反馈式本机振荡器，其本振信号经电容 C_3 注入到变频管 V_1 的发射极。电台信号与本振信号在变频管 V_1 中进行混频，混频后，V_1 管集电极电流中将含有一系列的组合频率分量，其中也包含本振信号与电台信号的差频（465kHz）分量，经过中周 T_{r3}（内含谐振电容），选出所需的中频（465kHz）分量，并耦合到中放管 V_2 的基极。图中电阻 R_3 是用来进一步提高抗干扰性能的，二极管 V_{D3} 是用以限制混频后中频信号振幅（即二次 AGC）。

中放是由 V_2、V_3 等元器件组成的两级小信号谐振放大器。通过两级中放将混频后所获得的中频信号放大后，送入下一级的检波器。检波器是由三极管 V_4（相当于二极管）等元件组成的大信号包络检波器。检波器将放大的中频调幅信号还原为所需的音频信号，经耦合电容 C_{10} 送入后级低频放大器中进行放大。在检波过程中，除产生了所需的音频信号之外，还产生了反映了输入信号强弱的直流分量，由检波电容之一 C_7 两端取出后，经 R_8、C_4 组成的低通滤波器滤波后，作为 AGC 电压（$-U_{AGC}$）加到中放管 V_2 的基极，实现反向 AGC。即当输入信号增强时，AGC 电压降低，中放管 V_2 的基极偏置电压降低，工作电流 I_E 将减小，中放增益随之降低，从而使得检波器输出的电平能够维持在一定的范围。

低放部分是由前置放大器和低频功率放大器组成。由 V_5 组成的变压器耦合式前置放大器将检波器输出的音频信号放大后，经输入变压器 T_{r6} 送入功率放大器中进行功率放大。功率放大器是由 V_6、V_7 等元器件组成的，它们组成了变压器耦合式乙类推挽功率放大器，将音频信号的功率放大到足够大后，经输出变压器 T_{r7} 耦合去推动扬声器发声。其中 R_{11}、V_{D4} 是用来给功放管 V_6、V_7 提供合适的偏置电压，消除交越失真。

本机由 3V 直流电压供电。为了提高功放的输出功率，因此，3V 直流电压经滤波电容 C_{15} 去耦滤波后，直接给低频功率放大器供电。而前面各级电路是用 3V 直流电压经过由 R_{12}、V_{D1}、V_{D2} 组成的简单稳压电路稳压后（稳定电压约为 1.4V）供电。目的是用来提高各级电路静态工作点的稳定性。

4．收音机的组装

（1）元器件准备

首先根据元器件清单清点所有元器件，并用万用表粗测元器件质量的好坏。再将所有元器件上的漆膜、氧化膜清除干净，然后进行搪锡（如元器件引脚未氧化则省去此项），最后根据图 8-3 将电阻、二极管进行弯脚。

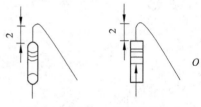

图 8-3　电阻、二极管弯角方式

（2）插件焊接

① 按照装配图正确插入元件，其高低、极向应符合图纸规定。

② 焊点要光滑，大小最好不要超出焊盘，不能有虚焊、搭焊、漏焊现象。

③ 注意二极管、三极管的极性以及色环电阻的识别。

④ 输入、输出变压器不能调换位置。

⑤ 中周插件后外壳应弯脚焊牢。

（3）组合键的安装

① 将电位器拨盘装在 W-5K 电位器上，用 M1.7×4 螺钉固定。

② 将磁棒按图 8-4 所示套入天线线圈及磁棒支架。

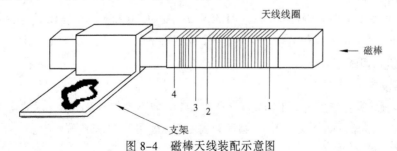

图 8-4　磁棒天线装配示意图

（4）大件的安装

① 将双联安装在印刷电路板正面，将天线组合件上的支架放在印刷电路板反面双联上，然后用 2 只 M2.5×5 螺钉固定，并将双联引脚超出电路板部分，弯脚后焊牢。

② 天线线圈的 1 端焊接于双联天线联 C_{1-A} 上，2 端焊接于双联中点地线上，3 端焊接于 V_1 基极上，4 端焊接于 R_1、C_2 公共点。

③ 将电位器组合件焊接在电路板指定位置。

（5）前框准备

① 将电池负极弹簧、正极片安装在塑壳上，如图 8-5 所示，同时焊好连节点及黑色、红色引线。

② 将周率板反面的双面胶保护纸去掉，然后贴于前框，注意要安装到位，并撕去周率板正面保护膜。

图 8-5　电池簧片安装示意图

③ 将喇叭 Y 安装于前框，用一字小螺丝批导入压脚，再用烙铁热铆三只固定脚。如图 8-6 所示。

④ 将拎带套在前框内。

⑤ 将调谐盘安装在双联轴上，如图 8-7 所示，用 M2.5×5 螺钉固定，注意调谐盘方向。

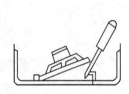

图 8-6　喇叭电池簧片安装示意图

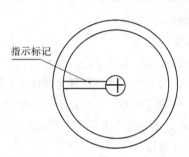

图 8-7　调谐盘安装示意图

⑥ 根据装配图，分别将两根白色或黄色导线焊接在喇叭与线路板上。

⑦ 将正极（红）、负极（黑）电源线分别焊在线路板指定位置。

⑧ 将组装完毕的部分装入前框，一定要装到位。

（6）开口检查与试听

收音机装配焊接完成后，请检查元件有无装错，焊点是否脱焊、虚焊、漏焊。所焊元件有无短路或损坏。发现问题要及时更正。用万用表进行整机工作点、工作电流测量，如检查都满足要求，即可进行收台试听。

各级工作点参考值如下：$V_{CC}=3V$；$U_{C1}=1.35V$，$I_{C1}=0.18\sim0.22mA$；$U_{C2}=1.35V$，$I_{C2}=0.4\sim0.8mA$；$U_{C3}=1.35V$，$I_{C3}=1\sim2mA$；$U_{C4}=1.4V$；$U_{C5}=2.4V$，$I_{C5}=2\sim4mA$；$U_{C6,7}=3V$，$I_{C6,7}=4\sim10mA$

5.收音机的调试

（1）仪器设备

常用仪器设备有：稳压电源（200mA，3V）；XFG-7 高频信号发生器；示波器（一般示波器即可）；DA-16 毫伏表（或同类仪器）；圆环天线（调 AM 用）；无感应螺丝批。

（2）调试步骤

① 在元器件装配焊接无误及机壳装配好后，将机器接通电源，在中波段内能收到本地电台后，即可进行调试工作。仪器连接方框图如图 8-8 所示。

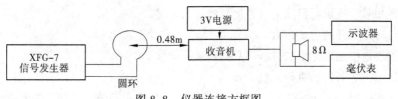

图 8-8　仪器连接方框图

② 中频调试。

首先将双联旋至最低频率点，XFG-7 信号发生器置于 465kHz 频率处，输出场强为 10mV/m，调制频率为 1000Hz，调幅度为 30%。收音机收到信号后，示波器应有 1000Hz 信号波形，用无感应螺丝批依次调节黑、白、黄三个中周，且反复调节，使其输出最大，此时，465kHz 中频即调好。

③ 频率复盖。

将 XFG-7 置于 520kHz，输出场强为 5mV/m，调制频率 1000kHz，调幅度 30%。双联调至低端，用无感应螺丝批调节红中周（振荡线圈），收到信号后，再将双联旋至最高端，XFG-7 信号发生器置于 1620kHz，调节双联振荡联微调电容 C_{1B}，收到信号后，再重复将双联旋至低端，调红中周，以此类推。高低端反复调整，直至低端频率为 520kHz，高端频率为 1620kHz 为止，频率复盖调节到此结束。

④ 统调。

将 XFG-7 置于 600kHz 的频率，输出场强为 5mV/m 左右，调节收音机调谐旋钮，收到 600kHz 信号后，调节中波磁棒线圈位置，使输出最大，然后将 XFG-7 旋至 1400kHz，调节收音机，直至收到 1400kHz 信号后，调双联微调电容 C_{1A}，使输出为最大，重复调节 600kHz 和 1400kHz 统调点，直至两点均为最大为止，至此统调结束。

在中频、复盖、统调结束后，机器即可收到高、中、低端电台，且频率与刻度基本相符。至此，放入两节 5 号电池进行试听，在高、中、低端都能收到电台后，即可将后盖盖好。

8.1.2　课程设计内容

1. 设计目的

通过对一台调幅收音机的安装、焊接和调试，使学生了解电子产品的装配过程，掌握电子元器件的识别方法和质量检验标准，掌握收音机的工作原理，并了解整机的装配工艺，培养学生的实践技能。

2. 设计任务

① 认识收音机的各个元器件，并对元器件进行测试。

② 根据电路板图进行元器件的焊接。

③ 检查焊接的质量，并进行元器件的调试。

④ 收音机验收。

3. 设计要求

① 学会分析收音机电路图。

② 对照收音机原理图能看懂印刷电路版图和接线图。

③ 与实物相对应认识电路图上的各种元器件的符号。

④ 测试各种元器件的主要参数。

⑤ 认真细心地按照工艺要求进行产品的安装和焊接。

⑥ 按照技术指标对产品进行调试。

⑦ 撰写实训说明书（字数 3000 左右，要全面反映各实训环节，并列出参考资料目录，最后总结设计的心得和体会）。

8.2　电子钟的设计

电子钟是一种用数字电路技术实现时、分、秒计时的装置，与机械式时钟相比具有更高的准确性和直观性，且无机械装置，具有更长的使用寿命，因此得到了广泛的使用；数字钟是一种典型的数字电路，包括了组合逻辑电路和时序电路。

8.2.1　电子钟的工作原理

数字钟是一个将"时"、"分"、"秒"显示于人的视觉器官的计时装置。它的计时周期为 24 小时，显示满刻度为 23 时 59 分 59 秒，另外应有校时功能和报时功能。因此，一个基本的数字钟电路主要由译码显示器，"时"、"分"、"秒"计数器，校时电路，报时电路和振荡器组成，数字钟结构框图如图 8-9 所示。数字钟原理上是一个对标准频率（1Hz）进行计数的电路。

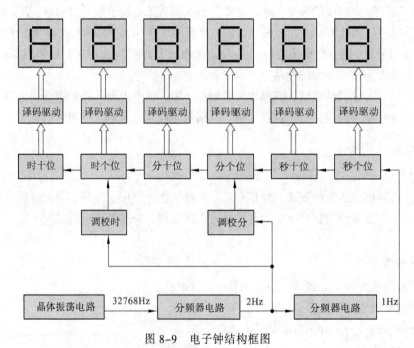

图 8-9　电子钟结构框图

1. 晶体振荡电路

晶体振荡电路是电子钟的时钟信号源，构成数字时钟的核心，它保证了时钟的走时准确及稳定。晶振是石英振荡器的简称，英文名 Crystal，是一种机电器件，是用电损耗很小的石英晶体经过精密切割磨削并镀上电极焊上引线而成，它是时钟电路中最重要的部件，其作用是向电子电路各部分提供基准频率。

通过 CMOS 非门构成输出为方波的数字式晶体振荡电路，如图 8-10 所示。在这个电路中，CMOS 非门 U_1 与晶体、电容和电阻构成晶体振荡器电路，U_2 实现整形功能，将振荡器输出的近似于正弦波的波形转换为较理想的方波。输出反馈电阻 R_1 为非门提供偏置，使电路工作于放大区域，即非门的功能近似于一个高增益的反相放大器。电容 C_1、C_2 与晶体构成一个谐振型网络，完成对振荡频率的控制功能，同时提供了一个 180° 相移，从而和非门构成一个正反馈网络，实现了振荡器的功能。由于晶体具有较高的频率稳定性及准确性，从而保证了输出频率的稳定和准确。

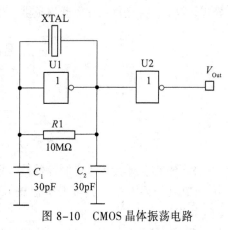

图 8-10　CMOS 晶体振荡电路

晶体 XTAL 的频率选为 32768Hz，该元件专为数字钟电路而设计，其频率较低，有利于减少分频器级数。C_1、C_2 均为 30pF，当要求频率准确度和稳定度更高时，还可接入校正电容并采取温度补偿措施。由于 CMOS 电路的输入阻抗极高，因此反馈电阻 R_1 可选为 10MΩ。较高的反馈电阻有利于提高振荡频率的稳定性，非门电路可选 74HC00。

2．分频器电路

分频器电路是将晶体振荡电路所产生的基准频率进一步降低，得到所需要的频率。分频器电路的设计可采用专用分频器，如二分频、六分频、十二分频和六十分频器等，常用集成电路有 74LS92、74LS56 和 74LS57 等。或者采用脉冲分配器 CD4017 或者 CD4022 来实现。也可采用各种进制计数器构成分频器。这里所提供的参考方案是多级 2 进制计数器来实现。例如，将 32768Hz 的振荡信号分频为 1Hz 的分频倍数为 32768（2^{15}），即实现该分频功能的计数器相当于 15 级二进制计数器。常用的二进制计数器有 74HC393 等。这里我们采用 CD4060 来构成分频电路，CD4060 在数字集成电路中可实现的分频次数最高，而且 CD4060 还包含振荡电路所需的非门，使用更为方便。CD4060 计数为 14 级二进制计数器，可以将 32768Hz 的信号分频为 2Hz，其内部框图如图 8-11 所示。从图中可以看出，CD4060 的时钟输入端两个串接的非门，因此可以直接实现振荡和分频的功能。

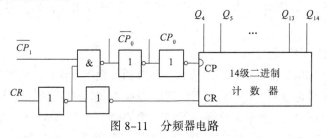

图 8-11　分频器电路

3．时间计数器电路

时间计数单元有时计数、分计数和秒计数等几个部分。具体而言，时间计数电路由秒个位和秒十位计数器、分个位和分十位计数器及时个位和时十位计数器电路构成。

时计数单元为十二进制计数器，其输出为两位 8421BCD 码形式。分计数和秒计数单元为六十进制计数器，其输出也为8421BCD码。为减少器件使用数量，一般可采用十进制计数器74HC390来实现时间计数单元的计数功能。74HC390其内部逻辑框图如图8-12所示。该器件为双2-5-10异步计数器，并且每一计数器均提供一个异步清零端（高电平有效）。

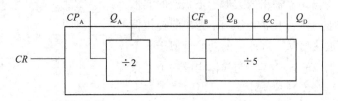

图8-12 74HC390（1/2）内部逻辑框图

秒个位计数单元为十进制计数器，无须进制转换，只须将 Q_A 与 CP_B（下降沿有效）相连即可。CP_A（下降沿有效）与 1Hz 秒输入信号相连，Q_B 可作为向上的进位信号与十位计数单元的 CP_A 相连。

秒十位计数单元为六进制计数器，需要进制转换。将十进制计数器转换为6进制计数器的电路连接方法如图8-13所示，其中 Q_B 可作为向上的进位信号与分个位的计数单元的 CP_A 相连。

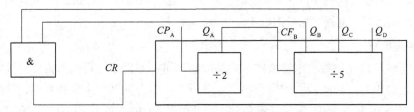

图8-13 十-六进制计数器转换电路

分个位和分十位计数单元电路结构分别与秒个位和秒十位计数单元完全相同，只不过分个位计数单元的 Q_C 作为向上的进位信号应与分十位计数单元的 CP_A 相连，分十位计数单元的 Q_B 作为向上的进位信号应与时个位计数单元的 CP_A 相连。

时个位计数单元电路结构仍与秒或个位计数单元相同。但是，整个时计数单元应为十二进制计数器，不是10的整数倍，因此需将个位和十位计数单元合并为一个整体才能进行十二进制转换。利用1片74HC390实现十二进制计数功能的电路如图8-14所示。另外，在图8-13所示电路中，剩下的二进制计数单元，正好可作为将分频器2Hz输出信号转化为1Hz信号之用。

4. 译码驱动及显示电路

译码驱动电路的作用是将计数器输出的8421BCD码转换为数码管需要的逻辑状态，并且为保证数码管正常工作提供足够的工作电流。可以选用CD4511作为显示译码电路，选用LED数码管作为显示单元电路。图8-15所示为利用一个LED数码管、一块CD4511、一块74HC390、一块74HC00和一个晶振连接成的一个六进制计数显示电路，数码管从0-5显示，如图8-15所示。类似地，我们可以设计十进制以及六十进制等译码显示电路。

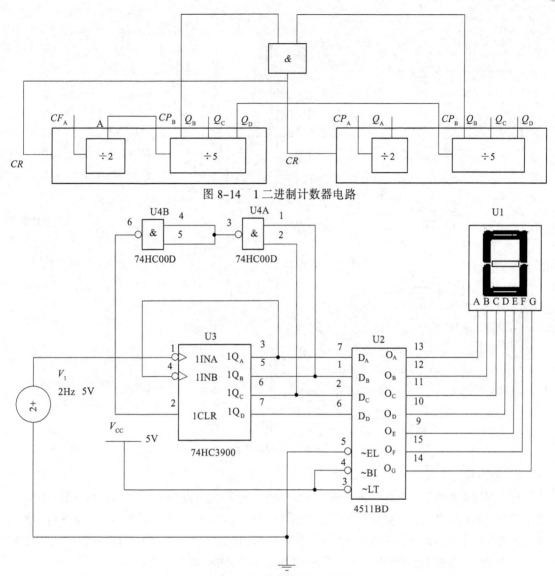

图 8-14　1 二进制计数器电路

图 8-15　六进制译码显示电路

5. 校时电路

当重新接通电源或出现误差时都需要对时间进行校正。通常，校正时间的方法如下：

首先截断正常的计数通路，然后再进行人工出触发计数或将频率较高的方波信号加到需要校正的计数单元的输入端，校正好后，再转入正常计时状态即可。

根据要求，数字钟应具有分校正和时校正功能。因此，应截断分个位和时个位的直接计数通路，并采用正常计时信号与校正信号可以随时切换的电路接入其中。图 8-16 所示为利用 74HC51D 和 74HC00 及电阻连接成的一个校时电路。

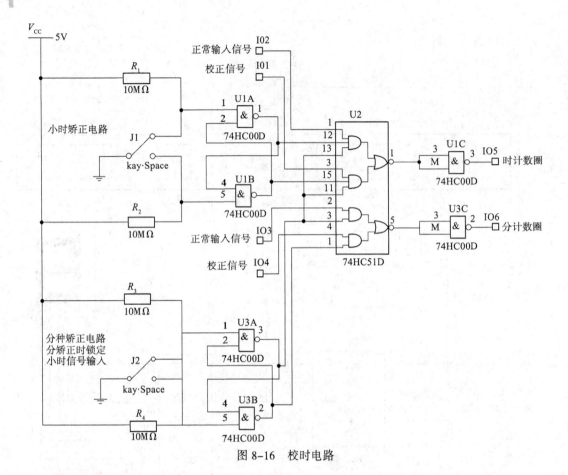

图 8-16　校时电路

6. 整点报时电路

　　整点报时电路功能：在时间出现整点前数秒内，数字钟会自动报时，以示提醒。其作用方式是发出连续的或有节奏的音频声波，较复杂的也可以是实时语音提示。根据要求，电路应在整点前 10s 内开始报时，即当在 59 分 50 秒到 59 分 59 秒期间时，报时电路控制信号报时。报时电路可选 74HC30，选蜂鸣器为电声器件。图 8-17 所示为整点报时参考电路。

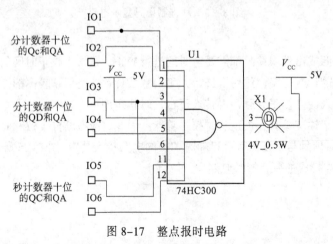

图 8-17　整点报时电路

当时间在 59 分 50 秒到 59 分 59 秒之间时，分十位、分个位和秒十位均保持不变，分别为 5、9 和 5。因此，设计思路是将分计数器十位的 Q_C 和 Q_A，个位的 Q_D 和 Q_A 及秒计数器十位的 Q_C 和 Q_A 相与，从而产生报时控制信号。

8.2.2　电子钟课程设计内容

1．设计目的

本设计要求采用中规模集成电路设计一台可以显示时、分、秒的电字钟。其是数字电路中基本 RS 触发器、单稳态触发器、时钟发生器及计数、译码显示等组合逻辑电路与时序逻辑电路的综合应用，要求掌握电子钟的设计方法及扩展应用。通过数字钟的制作进一步了解各种中小规模集成电路的作用及使用方法，掌握各种组合逻辑电路与时序电路的原理与应用。

2．设计任务

① 准确计时，时间以 24 小时为一个周期，显示时、分、秒。

② 电路主要采用中规模集成电路。

③ 电源电压+5 伏。

④ 发挥部分

a. 当发生走时误差时，电路具有校时功能，可以对时及分进行单独校正，使其校正到标准时间。

b. 电路具有整点报时功能，当时间到达整点前 10s 进行蜂鸣报时。

3．设计要求

① 对设计进行任务分析，查找资料，确定设计思路。

② 确定总体设计方案，绘出设计框图。

③ 进行单元电路设计。

④ 结合单元电路设计总电气原理图。

⑤ 进行电路仿真，结合仿真对原理图进行修改。

⑥ 电路组装及调试。

⑦ 发挥部分的设计与调试。

⑧ 撰写实训说明书。（字数 3000 左右，要全面反映各设计环节，附上有关资料和图纸，并列出参考资料目录，最后总结设计的心得和体会。）

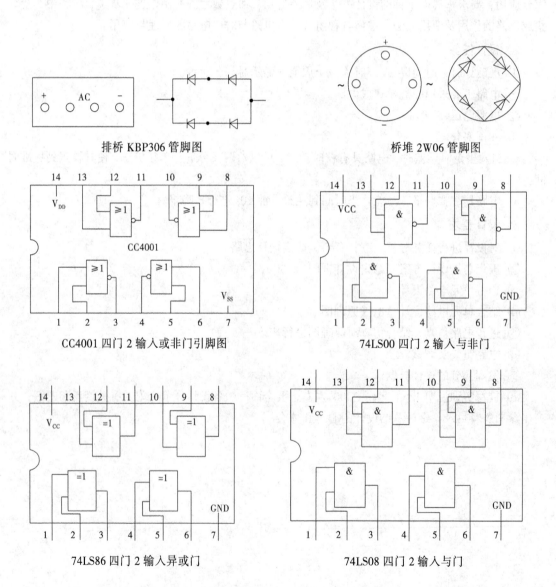

排桥 KBP306 管脚图

桥堆 2W06 管脚图

CC4001 四门 2 输入或非门引脚图

74LS00 四门 2 输入与非门

74LS86 四门 2 输入异或门

74LS08 四门 2 输入与门

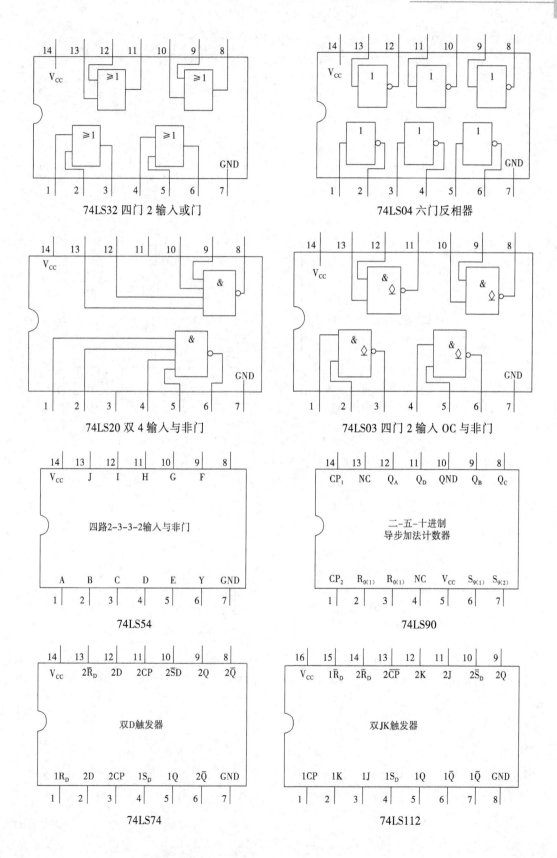

74LS32 四门 2 输入或门

74LS04 六门反相器

74LS20 双 4 输入与非门

74LS03 四门 2 输入 OC 与非门

74LS54

四路2-3-3-2输入与非门

74LS90

二-五-十进制
导步加法计数器

74LS74

双D触发器

74LS112

双JK触发器

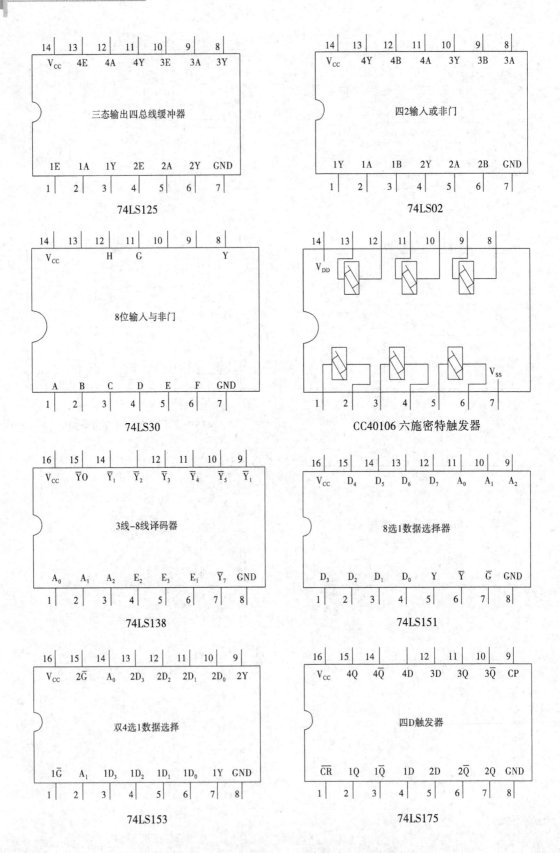

74LS125　三态输出四总线缓冲器

14	13	12	11	10	9	8
V_{CC}	4E	4A	4Y	3E	3A	3Y

1E	1A	1Y	2E	2A	2Y	GND
1	2	3	4	5	6	7

74LS02　四2输入或非门

14	13	12	11	10	9	8
V_{CC}	4Y	4B	4A	3Y	3B	3A

1Y	1A	1B	2Y	2A	2B	GND
1	2	3	4	5	6	7

74LS30　8位输入与非门

74LS30

CC40106 六施密特触发器

74LS138　3线–8线译码器

74LS151　8选1数据选择器

74LS153　双4选1数据选择

74LS175　四D触发器

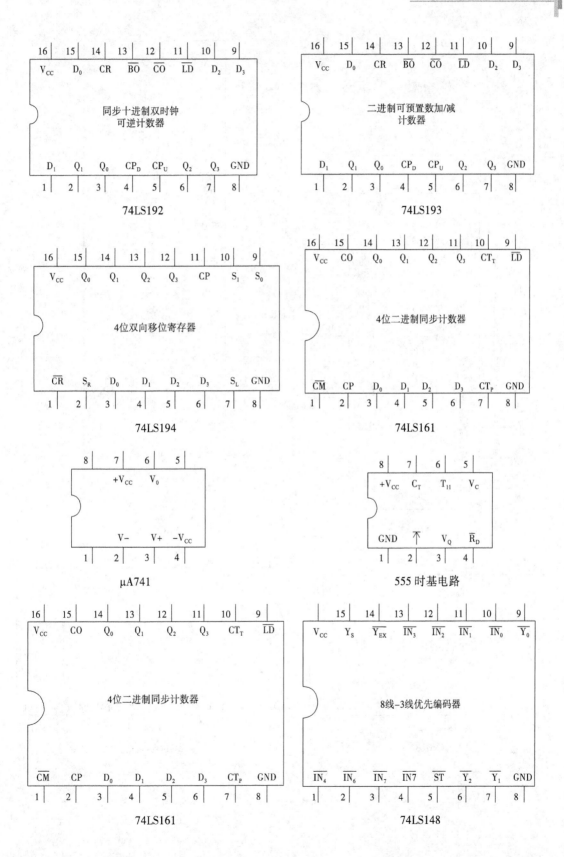

74LS192
同步十进制双时钟可逆计数器

74LS193
二进制可预置数加/减计数器

74LS194
4位双向移位寄存器

74LS161
4位二进制同步计数器

μA741

555 时基电路

74LS161
4位二进制同步计数器

74LS148
8线-3线优先编码器

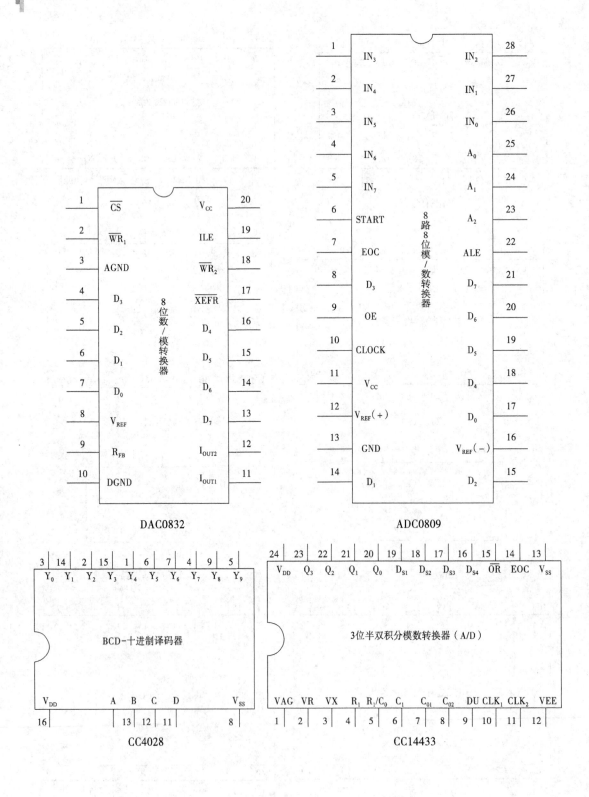

DAC0832

ADC0809

CC4028

CC14433

附录2 | 设计性实验部分参考电路

1. 测量放大电路参考电路

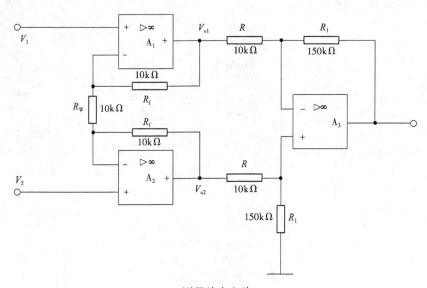

测量放大电路

2. OTL 功率放大电路参考图

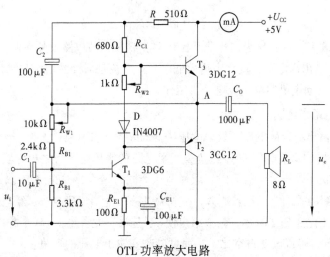

OTL 功率放大电路

T$_1$管工作于甲类状态，它的集电极电流 I_{C1} 由电位器 R$_{W1}$ 进行调节。I_{C1} 的一部分流经电位器 R$_{W2}$ 及二极管 D，给 T$_2$、T$_3$ 提供偏压。调节 R$_{W2}$，可以使 T$_2$、T$_3$ 得到合适的静态电流而工作于甲、乙类状态，以克服交越失真。静态时要求输出端中点 A 的电位 $U_A = \frac{1}{2}U_{CC}$，可以通过调节 R$_{W1}$ 来实现，又由于 R$_{W1}$ 的一端接在 A 点，因此在电路中引入交、直流电压并连接负反馈，一方面能够稳定放大器的静态工作点，同时也改善了非线性失真。当输入正弦交流信号 u_i 时，经 T$_1$ 放大、倒相后同时作用于 T$_2$、T$_3$ 的基极，u_i 的负半周使 T$_2$ 管导通（T$_3$ 管截止），有电流通过负载 R$_L$，同时向电容 C$_0$ 充电，在 u_i 的正半周，T$_3$ 导通（T$_2$ 截止），则已充好电的电容器 C$_0$ 起着电源的作用，通过负载 R$_L$ 放电，这样在 R$_L$ 上就得到完整的正弦波。C$_2$ 和 R 构成自举电路，用于提高输出电压正半周的幅度，以得到大的动态范围。

3. PWM 信号发生电路参考图

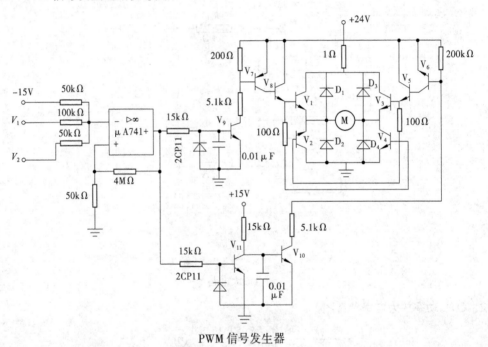

PWM 信号发生器

上图中，运算放大器 A1 作为加法器及比较器，将三角波电路及外来调试电平进行叠加，当叠加结果大于 0V，输出高电平；反之则输出低电平。合成信号经过由 2N3904 组成的达林顿对管后，驱动后级 H 型驱动电机驱动直流电动机工作。

4. 开关稳压电源参考图

基准电压电路输出稳定的电压，取样电压 U_{N1} 与基准电压 U_{REF} 之差，经 A$_1$ 放大后，作为由 A$_2$ 组成的电压比较器的阈值电压 U_{P2}，三角波发生电路的输出电压与之相比较，得到控制信号 u_B，控制调整管的工作状态。当 U_0 升高时，取样电压会同时增大，并作用于比较放大电路的反相输入端，与同相输入端的基准电压比较放大，使放大电路的输出电压减小，经电压比较器使 u_B 的占空比变小，因此输出电压随之减小，调节结果使 U_0 基本不变。当 U_0 减小时，与上述变化相反。改变 R_1 与 R_2 的比值，可以改变占空比，从而可以改变输出电压的数值。

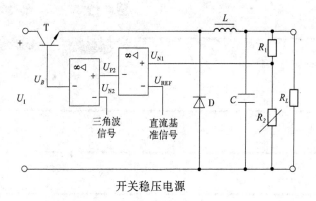

开关稳压电源

笔 记 栏